CAKES

烘焙日常の甜食味

坂田 阿希子◎著

在我的老家，有一本老舊的甜點書。

從小，我就非常喜歡翻看那本書。每次翻看的時候，心情都非常激動。

這道稱為芭芭露亞的甜點口感是怎麼樣的？好想烤烤看這款餅乾！

在比較常製作的那幾頁甜點食譜上，充滿了大大小小的污漬，甚至被我不小心撕破了。

只要看到這些痕跡，我都會想到不同的季節。

暑假時和媽媽一起製作的，放入冷藏室凝固的柑橘果凍；

秋天時，與媽媽、姊姊一起初次烤的泡芙；

在冬天，烤了海綿蛋糕來製作聖誕節蛋糕，

作出來的蛋糕完全沒有膨脹，質地堅硬又乾燥。

當時要買到鮮奶油不是很容易，需要特別到牛奶店預訂。

時至今日，我仍然會想起在冬日的早晨，

放置在玄關的牛奶店配送專用木箱中，和牛奶瓶放在一起的鮮奶油。

對我而言，那本書就像是滿載回憶的相簿一樣。

為什麼海綿蛋糕會變得又乾又硬呢？我現在已經知道了。

有著想要回到過去，教導當時的自己的心情。

在反覆製作甜點的過程中，能夠找到問題的原因，

就算剛開始作的時候有點小失敗，多次練習之後也一定能變得非常熟練、非常成功。

甜點食譜是為了成就美味而存在的。

這就是甜點烘焙深奧又充滿樂趣之處。

《CAKES：烘焙日常の甜食味》來自我兩年間的雜誌食譜連載，

從我常年製作的經典甜點中，選出在各個季節中一定會想起的應景甜點，

並且拍攝了影片來介紹這些甜點的製作過程。

影片真實呈現了我日常生活中製作甜點的氛圍，也能夠更容易瞭解製作過程中甜點的狀態。

所以我與工作人員用心地拍攝了24段影片，連音樂也配合不同甜點，一曲一曲量身打造。

我只要聽到影片中音樂的前奏，就會想起關於這道甜點的所有細節，

然後自己一個笑起來，在旁人看來也許有些奇怪。

這本書，也變得像是我重要的相簿一般。

如果各位翻看這本書，在不同的季節，慶祝重要的時刻或為重要的人製作甜點，

總有一天，這本書也會變得如同相簿般充滿回憶，

對我來說，這毫無疑問將是非常、非常大的喜悅！

坂田阿希子

BERRY COBBLER

CRÊPE SUZETTE

さらに塗る

190℃のオーブンで
15〜20分間焼く

180℃のオーブンで
15〜20分間

CARAMEL
CREAM
PUFF

ORANGE GLAZED
DOUGHNUTS

160℃の
約40分間焼く

CHERRY CLAFOUTIS

HONEY &
ICE

NOUGAT GLA
HAZELNUT

BANANA
CHOCOLATE
TART

180〜190℃のオーブンで
約40分間焼く

クルクルと巻いていく

CHOCOLATE DACQUOISE

WEEKEND
CITRON

Contents

使用本書的方法

● 掃描食譜所附的QR code，就可以觀看令人愉快的甜點製作
影片。掃描右側的QR code就能連結到全部24道甜點製作影
片的列表。請以平板電腦或是智慧型手機觀看。

※觀看影片本身無須費用，但可能需要支付網路
通信費。（推薦有網路吃到飽者使用）。

● 本書使用的量杯為200㎖、1大匙＝15㎖、1小匙＝5㎖。1㎖＝1cc。
● 微波爐、烤箱、手持式電動攪拌器等調理器具，請在詳細閱讀原廠使用說明書後，正確使用。
● 烤箱的烘烤時間請視情況調整。因為不同的機種會有所差異，請觀察甜點的狀態調整烘烤的時間。
● 加熱時如果有使用保鮮膜或是烘焙紙，請詳細閱讀並確認使用說明書上標示的耐熱溫度，正確使用。

SPRING

烤起司蛋糕

Recipe → P.20

莓果烤布樂

Recipe → P.22

白脫牛奶鬆餅

Recipe → P.24

柳橙糖霜甜甜圈

Recipe → P.26

香蕉舒芙蕾

Recipe → P.28

16

草莓奶油蛋糕

Recipe → P.30

烤起司蛋糕

這道食譜是受到以前時常造訪的咖啡廳所販售的起司蛋糕啟發。
質地細膩、濕潤濃厚，卻又輕盈有孔洞……
每次烘烤、品嚐時，這令人記憶深刻的滋味都會讓我想起和朋友暢談的快樂時光。

材料（17×8×高7cm的磅蛋糕模型1個份）
奶油起司　250g
酸奶油　150g
細砂糖　95g
蛋　1個
蛋黃　2個
鮮奶油　150ml
玉米粉　2大匙
香草莢　½根
醃漬草莓（參照本頁下方）　適量

前置作業
・奶油起司放置至常溫下軟化。
・蛋放置至常溫。
・裁剪兩張烘焙紙，一張剪成同模型底部寬、鋪墊於
　模型中兩邊會高出3cm的長度，另一張以相同方
　法，但裁成與模型長度同寬。在模型中薄塗一層奶
　油（份量外），將烘焙紙呈十字交叉鋪入，側面也
　要貼合模型（如下圖所示）。
・玉米粉過篩。
・烤箱預熱至160℃。

1
在調理盆中放入奶油起司，以橡
皮刮刀推開，再加入酸奶油攪拌
均勻。接著加入細砂糖，攪拌至
質地滑順。

5
將步驟**4**的材料倒入鋪好烘焙紙
的模型中。

醃漬草莓

材料（方便製作的份量）
草莓　1盒（約300g）
A ┌ 細砂糖　2大匙
　│ 檸檬汁　1大匙
　└ 櫻桃酒（Kirsch）*　2小匙
＊或稱櫻桃白蘭地、櫻桃利口酒。

❶草莓摘掉蒂頭後，依照喜好可以整顆使用，或對
半切、縱切成4份。
❷加入A料混合均勻，靜置15分鐘，放入乾淨的容
器中，冷藏保存，2日內食用完畢。

2

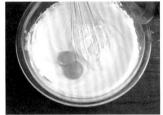

將蛋加入調理盆中，以打蛋器攪拌均勻，再加入蛋黃攪拌至質地滑順。

3

縱切香草莢，將其中的香草籽加入步驟**2**的調理盆中攪拌均勻。

4

加入鮮奶油攪拌均勻。接著加入玉米粉，攪拌至完全看不見白色粉末。

6

將模型輕輕摔落在桌上數次，讓麵糊更加貼合模型，直到少許氣泡排出表面。

7

將步驟**6**的模型放入托盤中，再一起放上烤盤。將熱水倒入托盤至模型的¼高度。

8

將烤盤放入預熱至160℃的烤箱中，烘烤50分鐘至1小時。烤好後，將蛋糕連著模型稍微放涼，再蓋上鋁箔紙，冷藏一晚。接著脫模切成方便食用的大小，就完成了，可以依照喜好搭配醃漬草莓享用。

advice

將材料依照順序加入、徹底攪拌非常重要。加入酸奶油會增添乳脂肪的香氣以及溫和的酸味。以玉米粉取代麵粉，讓質感更加細膩清爽，創造獨特的口感。

莓果烤布樂

烤布樂（Cobbler）是一道美國常見的家庭甜點，
加入不同水果會讓這道甜點呈現不同風貌。
使用莓果類製作時，會讓其中酸甜的果汁更加濃縮。
以酥脆的餅乾麵皮將莓果的美味包裹。

材料（約24×16.5×高4cm的圓形耐熱容器1個份）

A
　┌　高筋麵粉　200g
　│　細砂糖　30g
　│　泡打粉　1又½小匙
　└　鹽　½小匙
奶油（無鹽）　80g
鮮奶油　100㎖
牛奶　60㎖
莓果（覆盆子、黑莓、藍莓、草莓〈去除蒂頭〉等）
　　共250至300g
細砂糖　60g
玉米粉　2大匙
手粉（高筋麵粉）　適量
白雙糖（或細砂糖）　少許

前置作業
・將奶油切成1cm丁狀，冷藏或冷凍至堅硬。
・蛋放置至常溫。
・在耐熱容器中薄塗一層奶油（份量外）。
・烤箱預熱至180至190℃。

1

將莓果放入調理盆，加入細砂糖和玉米粉，徹底混合均勻。

5

將所有材料混合至沒有粉感時，以手揉捏成糰。

9

加入步驟**1**的莓果，再將超出耐熱容器的麵皮向內摺，一邊作出皺摺。

advice

快速地將粉類和奶油塊混合吧！鮮奶油增添豐富的質感，
牛奶使口感更輕爽酥脆。製作麵糰時，不要過度揉捏。使
用擀麵棍將麵糰擀平時，動作要快速一致，如此就能製作
出質地輕盈的麵皮了。

2

另取一個調理盆放入A料，以打蛋器攪拌均勻，再加入冷卻的奶油，以刮板（或叉子）一邊將奶油切碎一邊攪拌均勻。

3

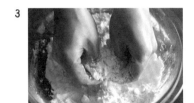

奶油切碎後，以手指將奶油捏開，再以手將材料混合成砂狀（也可以食物調理機混合奶油與A料）。

4

加入鮮奶油，以橡皮刮刀切拌，大致混合均勻後再加入牛奶，再以橡皮刮刀以壓的方式攪拌均勻。

6

將步驟**5**的麵糰放在撒上手粉的揉麵板上，麵糰也撒上一點手粉，擀成厚度約0.3cm的長方形。

7

將麵皮捲到擀麵棍上，再鋪至耐熱容器上。

8

以手指按壓麵皮，貼緊耐熱容器的底部和側邊。

10

在麵皮上撒上白雙糖後，放入預熱至190℃的烤箱，烘烤40至45分鐘便可完成。食用時，以湯匙挖取適量的烤布樂，可以依照喜好搭配香草冰淇淋（份量外）或是打發鮮奶油（份量外）。

白脫牛奶鬆餅

在紐約吃到的蓬鬆柔軟鬆餅，
麵糊主要以白脫牛奶製成。
白脫牛奶是鮮奶油製作成奶油時剩餘的液體，
以牛奶＋檸檬汁可以製作成相近的味道代替。

材料（12至13個份）

牛奶　200mℓ
檸檬汁　1大匙
蛋　1個
鹽　1小撮
砂糖　1又½大匙

A ┌ 低筋麵粉　150g
　│ 泡打粉　1小匙
　└ 小蘇打粉　1小匙

融化的奶油＊　20g
奶油　適量
楓糖漿　適量

＊將奶油（無鹽）20g放入耐熱容器中，再放入裝有熱水
　的調理盆中加熱融化。

1
將牛奶加入檸檬汁混合均勻，以
保鮮膜封口後冷藏靜置20分鐘，
至底部凝固。

5
將平底鍋加熱，放在濕布上稍微
降溫。以廚房紙巾在鍋中薄塗一
層奶油，開較弱的中火加熱，倒
入步驟**4**的麵糊，作成直徑約10cm
的鬆餅。

advice

牛奶＋檸檬汁與小蘇打或泡打粉混合後靜置，會產生空
氣。在加熱和翻面的過程中，含有氣體的麵糊會膨脹、變
得蓬鬆，這種感覺最棒了。建議一次煎一小塊。

2

將蛋打入調理盆中,以打蛋器打散後,加入鹽和砂糖混合均勻。將步驟**1**的材料加入混合。

3

將A料的粉類混合,加入調理盆中,以打蛋器攪拌均勻。

4

加入融化的奶油攪拌均勻後,以保鮮膜封口,冷藏靜置30分鐘。

6

待麵糊的表面起泡後翻面。

7

煎30秒至1分鐘,直到表面金黃即完成。剩餘的麵糊也以相同方式製作。

8

煎好的鬆餅以乾布包裹保溫。將數枚鬆餅疊在盤中,放上奶油、淋上楓糖漿享用。

柳橙糖霜甜甜圈

因為喜歡柔軟又清爽的甜甜圈，透過不斷的嘗試與失敗才誕生的食譜。
以柳橙汁製作而成的糖霜搭配厚實的甜甜圈，
融化在口中，香氣十足又清爽順口。

材料（約12個份）

A ┌ 速發乾酵母　10g
　│ 溫水　4大匙
　└ 砂糖　少許
高筋麵粉　600g
砂糖　60g
鹽　2小匙
蛋黃　4個
牛奶（常溫）　350㎖
起酥油（常溫）　120g
柳橙糖霜
　┌ 糖粉　400g
　│ 柳橙榨汁　6至8大匙
　└ 柳橙皮（日本產／磨碎）　2個
手粉（高筋麵粉）　適量
炸甜甜圈用油　適量

前置作業

・將A料放入一個小調理盆中混合均勻，常溫放置10
　分鐘預備發酵。

advice

蛋黃或油脂在揉捏混合的過程中會讓麵糰變黏，剛開始揉
捏時不易成糰，但是只要持續不斷地揉捏混合，就會漸漸
在揉麵板上或手上聚集成糰。

1

在一個大調理盆中放入高筋麵
粉、砂糖和鹽，以打蛋器混合均
勻。另取一個調理盆將蛋黃打
散，加入牛奶攪拌均勻。

4

當麵糰的表面變得光滑後，將麵
糰稍微壓平，放上起酥油，以拳
頭按壓服貼麵糰。將麵糰從邊緣
往中央摺疊，把起酥油包入麵
糰。再將麵糰摺疊揉捏，使起酥
油均勻揉入麵糰中。

7

在揉麵板上撒上手粉，麵糰表面
也撒上手粉，將麵糰擀平至約
2cm厚。使用直徑8cm及2.5cm的
圓形模具，將麵糰壓成環形。
※將環形周邊剩下的麵糰，揉成數個一
口大小的小塊。

2

在步驟**1**中混合粉類的調理盆中央按出一個凹洞，倒入預備發酵的A料。加入步驟**1**混合好的蛋黃和牛奶，以橡皮刮刀混合均勻。大致成糰後，取出置於揉麵板上。

3

將麵糰輕摔在揉麵板上，將靠近操作者側的麵糰抬起，向上摺疊。同樣的動作反覆操作，並不時以刮板將整個麵糰脫離揉麵板，持續5至6分鐘。

5

麵糰會變得有些黏，但還是要繼續揉捏。將麵糰輕摔在揉麵板上，將靠近操作者側的麵糰抬起，向上摺疊。同樣的動作反覆操作，並不時以刮板將整個麵糰脫離揉麵板，持續5至6分鐘。

6

麵糰表面變得光滑就OK了。將麵糰整理成圓形後放入調理盆中，以保鮮膜封口，置於溫暖處（室溫約30℃）發酵至體積膨脹成約2倍，所需時間約1小時，然後以拳頭按壓整個麵糰排出氣體。

8

將環形麵糰整齊排列在撒好手粉的揉麵板上，將麵糰稍微噴濕後，以濕布緊緊蓋上，靜置15分鐘。

※揉成一口大小的麵糰和環形中央的圓形麵糰，也一起靜置。

9

將麵糰放入170℃的油中，炸3至4分鐘至呈現金黃色，再翻面。過程中以筷子插入環形麵糰中間的洞，維持形狀。甜甜圈炸好後取出，將油瀝乾、稍微冷卻。

※炸完甜甜圈後，再炸一口大小的麵糰和圓形麵糰。

10

將柳橙糖霜的材料在調理盆中混合均勻，將步驟**9**的甜甜圈浸入一半，裹上糖霜。在托盤上鋪上烘焙紙、放上網架，再將甜甜圈糖霜朝上，放在網架上晾乾完成。

※一口大小的麵糰和圓形麵糰，除了以糖霜裝飾外，也可以混合肉桂粉和細砂糖刷塗於表面，亦十分美味（皆為份量外）。

香蕉舒芙蕾

看到大大膨起的舒芙蕾，毫無疑問會發出「哇！」的歡呼聲。
在塌下去前趕快以湯匙挖一大口，
品嚐剛出爐的蓬鬆質地和甜甜的香蕉香氣！
也非常推薦灑上喜歡的蘭姆酒或是白蘭地。

材料（直徑10cm的圓形烤盅4個份）
香蕉（熟透）＊　2根
蛋　3個
黍砂糖　60g
低筋麵粉　50g
檸檬汁　少許
牛奶　120㎖
鮮奶油　50㎖
糖粉　適量

＊使用已經出現茶色斑點的熟透香蕉。

前置作業
・蛋放置至常溫。
・在烤盅內部側面塗上一層奶油（份量外），底部不塗，
　倒入細砂糖（份量外），轉動烤盅讓細砂糖附著在側面
　（如圖所示），如此可讓舒芙蕾比較不容易扁塌。
・烤箱預熱至180℃。

advice

在烤盅的側邊塗上奶油和細砂糖，可以幫助舒芙蕾長時間
保持蓬鬆，細砂糖的顆粒感也增添不少樂趣。將麵糊倒入
烤盅後，若有麵糊附著於烤盅邊緣，會讓麵糊難以膨脹，
所以不要忘記將烤盅邊緣的麵糊擦拭乾淨。

1

以叉子將香蕉壓成泥狀，加入檸
檬汁混合均勻。

5

將步驟**4**的材料再次倒入調理盆
中，加入⅓的香蕉泥，以打蛋器
攪拌均勻，剩下的香蕉泥再分成
2次加入，徹底混合均勻。

9

將步驟**8**的麵糊平均倒入4個烤盅
中，以抹刀抹平表面。

2

將蛋白和蛋黃分開,分別放入不同的調理盆。以打蛋器將蛋黃打散,加入黍砂糖20g打至發白。

3

將低筋麵粉過篩加入,以打蛋器混合均勻。先加入少許牛奶,混合均勻後再將全部的牛奶加入,再次混合均勻。

4

將步驟**3**的材料倒入鍋中,以中火加熱,一邊以耐熱的橡皮刮刀攪拌,直到材料變得濃稠。關火後加入少許鮮奶油混合均勻,再將全部的鮮奶油加入,同樣混合均勻。

6

將步驟**2**的蛋白以手持式電動攪拌器以高速稍微打發,將剩下的黍砂糖分成3次加入,再繼續打發。

7

以打蛋器前後移動攪拌,讓質地更細緻均勻,打成拿起打蛋器呈現尖角狀的蛋白霜。

8

將⅓步驟**7**的蛋白霜加入步驟**5**的調理盆中,以打蛋器攪拌均勻。再將剩下的蛋白霜加入,以橡皮刮刀將整個調理盆中的材料徹底攪拌均勻。

10

將附著於烤盅邊緣的麵糊擦拭乾淨。放入預熱至180℃的烤箱中,烘烤15至20分鐘直到變色。再將糖粉以濾網過篩撒在表面,就完成了。

草莓奶油蛋糕

生日或特別的節日最想吃的，
果然就是經典草莓奶油蛋糕了！在草莓當令季節使用大量草莓製作，
光想像就讓人非常期待。

材料（直徑15cm的圓形烤模1個份）
草莓（小） 20至30個
海綿蛋糕
- 蛋（L尺寸） 2個
- 砂糖 60g
- 低筋麵粉 60g
- 融化的奶油*1 20g
裝飾鮮奶油
- 鮮奶油 300mℓ
- 細砂糖 3大匙
- 櫻桃酒*2 2小匙
糖漿
- 水 100mℓ
- 細砂糖 50g
- 櫻桃酒*2 1大匙

*1 將奶油（無鹽）20g放入耐熱容器中，再放入裝有熱
   水的調理盆加熱融化。
*2 又稱櫻桃白蘭地、櫻桃利口酒。

前置作業
· 蛋放置至常溫。
· 將糖漿用的水和細砂糖放入小鍋中，以中火加熱融
  化，冷卻後再加入櫻桃酒混合均勻。
· 在烤模內側薄塗一層奶油（份量外），再以烘焙紙
  鋪在底部，貼緊側面（如圖所示）。
· 烤箱預熱至180℃。
· 將½份量的草莓去除蒂頭，剩下的草莓為裝飾用，
  可以保留蒂頭或縱切成兩半。
· 擠花袋裝上直徑1.5cm的圓形擠花嘴。

a d v i c e

製作海綿蛋糕時，將蛋徹底打發加入粉類和奶油時快速混
合，能夠減少氣泡，作出質地更加細緻的海綿蛋糕。製作
裝飾鮮奶油時，可以在調理盆中調整，將一部分鮮奶油打
發得比較堅硬，塗抹在兩片蛋糕及草莓的中間，比較鬆軟
的鮮奶油則用於塗抹蛋糕的四周及擠花，作為裝飾。

1

首先製作海綿蛋糕。將蛋放入調理
盆中，以打蛋器打散，再加入
砂糖混合均勻。將調理盆底部浸
入約70℃的熱水加熱，再以手持
式電動攪拌器高速打發，直到蛋
的顏色變白，再轉為低速輕輕打
發攪拌均勻。

5

將麵糊倒入鋪好烘焙紙的烤模
中，將烤模輕摔2至3次，排出空
氣。放入預熱至180℃的烤箱中，
烘烤約30分鐘。藉由烘焙紙將蛋
糕脫模，置於網架上放涼。薄薄
地切除蛋糕的頂部，使表面平
整，再平均橫切成兩片。

9

在另一片蛋糕的切面也塗上糖
漿，糖漿朝下蓋上並稍微壓緊。
在頂部也塗抹適量的糖漿。

2

以手動打蛋器繼續打發。打發至可以畫出緞帶般的線條，並且線條會慢慢消失的程度即可。過程中如果蛋的溫度升高，就將調理盆拿離熱水，停止加熱。

3

將低筋麵粉過篩加入，以橡皮刮刀從調理盆底部向上翻起，徹底攪拌均勻。

4

將融化的奶油先倒在橡皮刮刀上，再加入調理盆中，以切拌方式混合均勻。

6

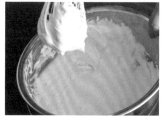

製作裝飾鮮奶油。將裝飾鮮奶油的材料放入調理盆後，將調理盆底部置於冰水中，以打蛋器將鮮奶油打至7分發（提起打蛋器後鮮奶油呈現軟軟的尖角）。再將調理盆中央的鮮奶油打至9分發（提起打蛋器後鮮奶油呈現直挺的尖角）。

7

在底部的蛋糕片切面塗上一層糖漿，再以抹刀薄塗一層步驟6打至9分發的鮮奶油。

8

將去蒂的草莓整齊排列在蛋糕上，塗上步驟6打至9分發的鮮奶油，完全蓋過草莓。

10

在蛋糕頂部和側面塗上步驟6中打至7分發的鮮奶油適量。先將較多的鮮奶油塗抹在蛋糕頂部後，均勻地抹開，滑落到側面的鮮奶油再以抹刀垂直塗抹均勻。

11

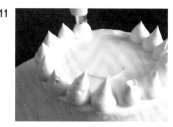

剩下的鮮奶油填入擠花袋中，在蛋糕頂部擠一圈裝飾，再將裝飾用的草莓放在鮮奶油的中央。

SUMMER

糖煮桃子&霜凍優格

Recipe → P.50

蜂蜜榛果冰鎮牛軋糖

Recipe → P.52

糖煮杏桃＆果凍

Recipe → P.54

葡萄柚布丁

Recipe → P.56

牛奶芭芭露亞

Recipe → P.58

藍莓奶酥瑪芬

Recipe → P.60

櫻桃克拉芙緹

Recipe → P.62

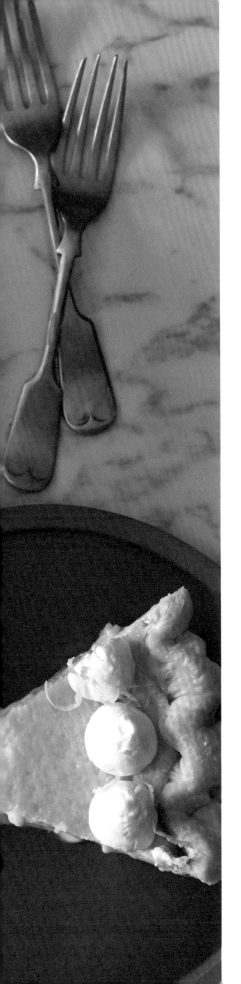

檸檬切斯派

Recipe → P.64

糖煮桃子&霜凍優格

母親的老家是經營水果店的，所以我童年對於夏天的記憶就是堆得像山一樣高的桃子。
除了享用新鮮的桃子之外，母親還會製作成糖煮桃子，
光亮多汁的模樣，有著和新鮮時不一樣的獨特魅力，搭配冷凍後的優格是最完美的組合。

材料（方便製作的份量）
糖煮桃子
┌ 桃子　5至6顆
│ ┌ 白葡萄酒　500㎖
│ │ 水　500㎖
│A│ 細砂糖　300g
│ └ 香草莢　1根
霜凍優格
┌ 原味優格（無糖）　500g
│ 鮮奶油　100㎖
│ 細砂糖　2大匙
└ 煉乳　130g

前置作業
・香草莢縱切一刀，不要完全切斷。
・在調理盆上放上濾網，再鋪上廚房紙巾（不織布型），放入優格，靜置1小時瀝乾水分，製成水切優格（如圖所示）。

1

製作糖煮桃子。將桃子洗淨後擦乾水分，在凹陷處劃一刀。

5

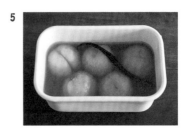

關火後稍微放涼，接著將除了桃子皮以外的桃子和糖水移入容器中，冷藏保存（可保存3至4日）。

9

倒入保存容器中，冷凍2至3小時凝固。將步驟**5**的桃子對半切開去除果核，連著適量糖水盛入容器中，以冰淇淋勺挖取適量的霜凍優格，放在糖煮桃子上，便可享用。

advice
即使是未成熟、果肉還有點硬的桃子，在糖水中咕嚕咕嚕燉煮過後，也能夠變成柔軟好吃的糖煮桃子。霜凍優格是由打發的鮮奶油加上水切優格以及煉乳混合而成，在冷凍的過程中即使沒有攪拌，也能夠作出滑順的霜凍優格。

2

以鍋子將水煮沸，放入桃子汆燙約20秒。撈出後浸入冷水，從刀子劃開處將皮剝下。剝下的皮保留備用。

3

在鍋中放入A料和步驟**2**的桃子與桃子皮，以大火加熱，沸騰後轉小火去除澀味。

4

將廚房紙巾（不織布型）或紗布沾水後盡量擰乾，鋪在桃子及糖水表面（由上而下蓋上），以小火燉煮30分鐘。

6

製作霜凍優格。在調理盆中放入鮮奶油和細砂糖，將調理盆底部置於冰水中，以打蛋器將鮮奶油打至6分發（提起打蛋器後鮮奶油會咕嚕咕嚕流下，並且痕跡會很快消失的狀態）。

7

將水切優格加入打發的鮮奶油中。

8

加入煉乳，以橡皮刮刀充分攪拌至質地滑順。

蜂蜜榛果冰鎮牛軋糖

以在蛋白霜中加入水果乾或堅果製成的南法甜點「牛軋糖（Nougat）」為基礎，
冷凍凝固製作的一道甜點。
充滿了蜂蜜的味道，也使用了香氣十足的榛果，風味絕佳。

材料（17×8×高7cm的磅蛋糕烤模1個份）

A ┌ 細砂糖　75g
　└ 水　1大匙

蜂蜜　140g

榛果　50g

蛋白　3個份

B ┌ 鮮奶油　200㎖
　└ 細砂糖　1大匙

馬德拉酒＊　1大匙

＊一種香味和風味較強，並提高酒精含量的葡萄酒。

前置作業

・將榛果放入烤箱，以180℃烘烤至表皮變色，取出
　後將皮去除。

・裁剪兩張烘焙紙，一張剪成同烤模底部寬、鋪墊於
　烤模中兩邊會高出3cm的長度，另一張以相同方
　法，但裁成與烤模長度同寬。將烘焙紙呈十字交叉
　鋪入。

a d v i c e

在蛋白中加入糖漿的義大利蛋白霜較不會產生氣泡，冷凍
後不易變得酥脆，而是口感滑順。蜂蜜為這道甜點增添了
甜味和厚實的香味，是非常適合這道甜點的材料。榛果可
以核桃或杏仁代替，或將多種堅果混合使用，也會非常美
味。以湯匙或冰淇淋勺挖取盛入盤中，圓形外觀也很賞心
悅目。

1

將A料放入鍋中，以中火加熱，一
邊輕輕搖晃鍋子，加熱至呈現深
焦糖色。關火後加入榛果攪拌混
合，倒入鋪好烘焙紙的托盤中，
靜置冷卻凝固。

5

將調理盆的底部置於冰水中，以
手持式電動攪拌器以低速繼續打
發至冷卻。

9

將步驟**8**的材料⅓倒入磅蛋糕烤模
中，輕摔烤模數次排出空氣。剩下
的材料也同樣分次倒入後輕摔。

2

將步驟**1**冷卻的焦糖榛果放入夾鏈保鮮袋中，以擀麵棍敲至細碎。

3

在小鍋中放入蜂蜜，以中火加熱至120℃（使用料理溫度計測量，或是沸騰後再持續加熱1分鐘）。

4

將蛋白放入調理盆中，以手持式電動攪拌器以高速稍微打發，再一邊將步驟**3**的蜂蜜緩慢加入，一邊持續打發，打至質地光滑，拿起攪拌器時蛋白霜能夠直立。

6

另取一個調理盆放入B料，將調理盆底部置於冰水中，以打蛋器打發至質地變得厚重，加入馬德拉酒後打至8分發（提起打蛋器後呈現不會垂下的尖角）。

7

將步驟**5**的材料分成3次加入步驟**6**的調理盆中，以橡皮刮刀切拌均勻。

8

將步驟**2**敲碎的焦糖榛果加入步驟**7**的調理盆中，以橡皮刮刀切拌均勻。

10

將表面抹平，放入冷凍室中冷卻凝固。脫模後切成方便入口的大小，就完成了。可以搭配蜂蜜（份量外）享用，也可以撒上烤過切碎的榛果和薄荷葉一起享用。

糖煮杏桃&果凍

在我最喜歡的夏季水果盛產時，我的內心總是蠢蠢欲動，
特別是產季很短的杏桃，更是見到就必買，然後作成美味的糖煮杏桃。
杏桃的香氣適合搭配各種香草植物，在糖煮的湯汁中與奧勒岡及百里香的風味融合後，
成為令人陶醉的季節限定香氣。

材料（4至5人份）
糖煮杏桃＊
┌ 杏桃　700g
│ 細砂糖　300g
│ 水　200㎖
│ 香草莢　1根
└ 檸檬汁　½顆份
果凍
┌ 水　100㎖
│ 百里香（新鮮）　5本
│ 奧勒岡（新鮮）　3本
│ 細砂糖　40g
│ 吉利丁片　3.5g
└ 糖煮杏桃湯汁　220㎖

＊方便製作的份量。

前置作業
・將吉利丁片放入足量的水中，浸泡10至15分鐘泡軟。
・香草莢縱切一刀，不要完全切斷。

1
製作糖煮杏桃。從杏桃的凹痕處
對切成兩半，去除果核，然後將
杏桃切面朝上整齊排列，撒上細
砂糖150g，以保鮮膜覆蓋，置於
冷藏室中1晚。

5
關火後將吉利丁擠乾水分加入，
攪拌混合至溶解，再加入糖煮杏
桃的湯汁混合均勻。

advice

在杏桃的切面撒上細砂糖後，能夠引出杏桃中大量的水
分，就能燉煮出充滿杏桃風味、美味的糖煮杏桃。在製作
果凍時使用了糖煮的湯汁，加上新鮮的香草植物，製作成
清爽的果凍。果凍凝固後，搭配糖煮杏桃，這種平衡非常
美味。

2

將杏桃的水分倒入鍋中,加入材料中的水、剩餘的細砂糖和香草莢,以大火加熱。待細砂糖完全溶解後,加入杏桃和檸檬汁,將廚房紙巾(不織布型)沾濕後盡量擰乾,覆蓋在表面(由上而下覆蓋),以小火燉煮10分鐘。

3

關火後靜置放涼。將鍋中的糖煮杏桃移至保存容器中,置於冷藏室冷卻便完成(可保存3至4日,若置於煮沸消毒過的瓶中則可保存1個月)。

4

製作果凍。在鍋中放入材料中的水、百里香、奧勒岡和細砂糖,以中火加熱,沸騰後轉小火,持續加熱5分鐘至飄出香味。

6

將廚房紙巾(不織布型)鋪在濾網上,過濾果凍液至調理盆中。

7

將調理盆的底部浸於冰水中,以橡皮刮刀攪拌果凍液,使果凍液冷卻。

8

將果凍液倒入托盤等容器中,放入冷藏室中冷卻凝固,就完成了。享用時將果凍配上糖煮杏桃盛入容器中,可依照喜好加上一點香草籽和奧勒岡(新鮮/份量外)。

葡萄柚布丁

從前，在住家附近的餐廳所供應的甜點中，我最喜歡的就是葡萄柚布丁了。
為了重現那樣的滋味，自己重複嘗試製作了好多次。
稍有苦味又酸甜，這樣細緻又和諧的滋味實在是太棒了。

材料（直徑約10cm，容量約250㎖的耐熱容器5個份）
葡萄柚*（大） 1顆
蛋　2個
蛋黃　3個
細砂糖　70g
牛奶　400㎖
鮮奶油　100㎖
香草莢　½根
焦糖醬
┌ 細砂糖　50g
│ 水　1大匙
└ 現榨葡萄柚汁　4至5大匙

＊推薦使用白葡萄柚或紅寶石葡萄柚。

前置作業
· 切除葡萄柚上下兩端，再由上而下薄薄地將皮削除。
  將連在黃色果皮和白色纖維上的果肉剔下來後，再將
  白色的纖維部分切下。從果肉和薄膜間下刀，將果肉
  切下10塊（裝飾用／如下圖所示）。剩餘的果肉和
  薄膜，榨成焦糖醬中使用的葡萄柚汁。
· 香草莢縱切一刀，不要完全切斷。
· 烤箱預熱至140℃。

1

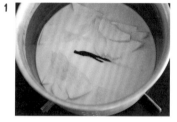

在鍋中放入牛奶、鮮奶油、葡萄
柚的白色纖維和香草莢，以中火
加熱至快要沸騰時關火，蓋上鍋
蓋10分鐘燜出香味。

5

濾出的白色纖維以橡皮刮刀按壓擠
乾，將香草莢中的香草籽取出，加
入調理盆混合。

advice

將白色的纖維加入牛奶和鮮奶油煮成布丁，不但增添了葡
萄柚的香味，還可去除苦味。若在此時加入果肉或果汁容
易造成材料分離，請小心。將果汁加入焦糖醬中，待焦糖
醬變得濃稠時，再次加入果汁混合稀釋。這時就算焦糖醬
有點稀，冷卻後也會稍微凝固，所以不用擔心。

2

製作焦糖醬。在另一個鍋中放入細砂糖和水，以中火加熱，一邊搖晃鍋子，將糖水煮成深褐色的焦糖。關火後加入現榨的葡萄柚汁3大匙，搖晃鍋子混合均勻。

3

焦糖醬在鍋底凝固後，再次以中火加熱，搖晃鍋子使焦糖融化均勻，加入剩下的1大匙現榨葡萄柚汁，煮至適合的濃度，若果汁不夠則加水調節，再將焦糖醬倒入耐熱容器中冷卻。

4

在調理盆中放入蛋和蛋黃，以打蛋器打散，加入細砂糖混合均勻。將步驟1的材料過濾，少量多次加入，混合均勻。

6

再次過濾至另一個調理盆中，蓋上廚房紙巾（不織布型）去除表面的氣泡。

7

倒入耐熱容器中，再放入烤盤。在烤盤中倒入熱水，再放進預熱至140℃的烤箱中，蒸烤約40分鐘。出爐後稍微放涼，移置冷藏室中徹底冷卻。

8

在步驟7的布丁上倒入步驟3的焦糖醬，再各放上2片葡萄柚果肉。

牛奶芭芭露亞

我在法國的甜點店研習時，所學習的第一道甜點就是芭芭露亞（Bavarois）。
只要遵循基本的作法，就能完成美味的成品。
富有濃厚的牛奶和香草香氣，再加上利口酒的大人風味，
配上季節水果，口味非常清爽。

材料（直徑16cm的環形芭芭露亞模型1個份）
牛奶　400㎖
香草莢　½根
蛋黃　3個
細砂糖　80g
吉利丁片　7g
柑橘酒（白）*　2小匙
鮮奶油　150㎖
糖漬哈密瓜
┌ 哈密瓜　½個
│　┌ 細砂糖　1大匙
│ A │ 檸檬汁　少許
└　└ 白蘭地　少許

＊一種以橙皮製作的無色透明利口酒。

前置作業
・將吉利丁片放入足量的水中，浸泡10至15分鐘泡軟
　（如下圖所示）。
・香草莢縱切一刀，不要完全切斷。

advice

步驟5加入吉利丁後冷卻所需時間，和步驟6打發鮮奶油
的時間大致相同，所以基本上打發好鮮奶油就可以直接混
合了。本食譜製作的是香草風味的芭芭露亞，也可以在牛
奶煮沸後加入紅茶、咖啡等增添不同風味，柑橘酒可以草
莓果汁代替，使整體味道更加爽口。

1

在鍋中放入牛奶和香草莢，以中
火加熱至邊緣出現氣泡後關火。
取出香草莢，此時請小心燙手，
取出香草籽加入牛奶中，香草莢
則捨棄不用。

5

將加熱好的材料倒入調理盆中，
調理盆的底部浸入冰水，以橡皮
刮刀不時攪拌、慢慢冷卻，再加
入柑橘酒攪拌均勻。

9

製作糖漬哈密瓜。將哈密瓜以圓
勺挖成球狀，放入調理盆中，依
序加入A料。

2

將蛋黃打入調理盆中,以打蛋器打散後加入細砂糖,攪拌打入空氣至顏色變白。

3

將步驟**1**的牛奶少量加入步驟**2**的調理盆中,混合均勻後再將剩下的牛奶全部倒入。

4

將步驟**3**的材料再次倒入鍋中,以中火加熱,以耐熱的橡皮刮刀輕輕攪拌,去除表面的氣泡。加熱至質地變得濃稠,將吉利丁片擠乾水分後加入,攪拌溶解均勻。

6

另取一個調理盆放入鮮奶油,調理盆的底部浸入冰水,將鮮奶油打至6分發(提起打蛋器後鮮奶油會咕嚕咕嚕流下,並且痕跡很快消失的狀態)。

7

將步驟**6**的鮮奶油⅓加入步驟**5**的調理盆中,攪拌均勻後再將剩下的鮮奶油全部加入。

8

將模型的內側以水沾濕,倒入步驟**7**的材料,輕輕地搖晃均勻,冷藏2小時至凝固。

10

步驟**8**的材料凝固後,將模型浸入熱水中,以手指將芭芭露亞的邊緣輕輕壓出縫隙,再將模型倒扣脫模,正中央放上步驟**9**的糖漬哈密瓜即完成。

藍莓奶酥瑪芬

馬芬只要將所有材料在調理盆中混合均勻就能完成，
或許會被認為是簡單的甜點，但事實上越單純的甜點越困難。
我投入了許多心力，終於研究出既飽滿又濕潤，
同時帶有酥脆食感的美式瑪芬。

材料（直徑6×高3cm的瑪芬烤模8個份）
瑪芬麵糊
牛奶　80㎖
檸檬汁　1大匙
奶油（無鹽）　90g
黍砂糖　70g
鹽　1小撮
蛋　1個
蛋黃　1個
A
低筋麵粉　120g
高筋麵粉　40g
全麥粉　20g
泡打粉　⅔小匙
小蘇打粉　½小匙
藍莓　100g
奶酥
B
黍砂糖　50g
低筋麵粉　60g
杏仁粉　20g
肉桂粉　⅓小匙
奶油（無鹽）　50g

前置作業
・瑪芬麵糊使用的奶油放置至常溫。
・蛋放置至常溫。
・奶酥使用的奶油切成1cm丁狀後冷藏。
・在瑪芬烤模中放入紙模。
・烤箱預熱至180℃。

advice

以牛奶加上檸檬汁製作出白脫牛奶（鮮奶油製作成奶油時
的剩餘產物）的風味與輕盈感、高筋麵粉和全麥粉混合後
的清爽食感、蛋黃的溫潤感、黍砂糖的樸素風味……所有
材料的特性相輔相成的一道食譜。

1

製作瑪芬麵糊。將牛奶和檸檬汁
混合，靜置10分鐘左右。

5

將步驟**1**的材料⅓加入調理盆中，
以橡皮刮刀切拌均勻。加入剩餘
A料的½、剩餘步驟1材料的½混
合。最將剩下的A料和步驟**1**的材
料依序加入混合。

9

將步驟**6**的瑪芬麵糊平均放入烤
模中，將烤模輕摔數次，使麵糊
貼合烤模。

2

在調理盆中放入奶油，以橡皮刮刀攪拌成霜狀，加入黍砂糖，以打蛋器快速打至顏色變白，加入鹽攪拌均勻。

3

將蛋和蛋黃打散，慢慢加入步驟**2**的調理盆中，攪拌至質地順滑。

4

將A料混合均勻後，⅓加入調理盆中，以橡皮刮刀切拌均勻。

6

加入藍莓，以橡皮刮刀切拌均勻，作成馬芬麵糊。

7

製作奶酥。另取一個調理盆放入B料，以刮板攪拌均勻，接著加入冷卻的奶油，一邊切碎一邊攪拌均勻。

8

奶油切細後，以手指捏碎，再以手輕輕將材料混合成砂狀，完成奶酥。

10

滿滿撒上步驟**8**的奶酥，放入預熱至180℃的烤箱中，烘烤約25分鐘即完成。

櫻桃克拉芙緹

克拉芙緹（Clafoutis）是法國利穆贊地區的傳統甜點。
布丁般的本體是以雞蛋製作，加入櫻桃一起烘烤，
酸甜的果汁滲入本體中，讓味道變得豪華。
使用佐藤錦櫻桃可以造就纖細的口味，也可以使用美國櫻桃製作。

材料（直徑15×高3cm的耐熱容器3個份）
櫻桃（佐藤錦） 200g
低筋麵粉 30g
鹽 1小撮
細砂糖 60g
蛋黃 2個
蛋 1個
香草莢 ⅓根
牛奶 200㎖
鮮奶油 80㎖
融化的奶油*¹ 15g
櫻桃酒*² 1小匙
糖粉 適量

*1 將奶油（無鹽）15g放入耐熱容器中，放入裝有熱水
   的大調理盆中加熱融化。
*2 又稱櫻桃白蘭地、櫻桃利口酒。

前置作業
· 在耐熱容器中塗上奶油（份量外），倒入細砂糖（份
  量外），將容器旋轉一圈，使細砂糖平均附著在內
  側，再將多餘的細砂糖倒出來（如下圖所示）。
· 烤箱預熱至170℃。

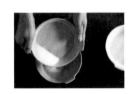

1

以櫻桃去籽器將櫻桃去籽。

5

將牛奶慢慢加入調理盆中，一邊
攪拌均勻，然後加入鮮奶油混合
均勻。

advice

這是一道享受得到季節水果的美味、能夠輕鬆製作的甜
點。以奶油和細砂糖塗在容器的內側，可以將邊緣烤出酥
脆的口感。使用櫻桃去籽器可以輕鬆將櫻桃去籽，只要輕
輕握一下，櫻桃籽就會嗖！地落下。不會傷害櫻桃外觀，
用來裝飾甜點很漂亮。

2

在調理盆中放入低筋麵粉、鹽和細砂糖，以打蛋器混合均勻。

3

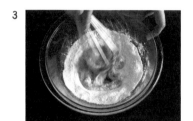

在中央稍微挖出凹陷，加入蛋和蛋黃，攪拌混合至質地順滑。

4

將香草莢縱切取出香草籽，加入步驟**3**的調理盆中。

6

將融化的奶油和櫻桃酒依序加入，混合均勻。

7

將耐熱容器放在烤盤上，放入步驟**1**的櫻桃，排列整齊。

8

將步驟**6**的材料慢慢倒入，放入預熱至170℃的烤箱中，烘烤35至40分鐘上色完成。享用時，再以濾網撒上糖粉。

檸檬切斯派

切斯派（Chess Pie）是美國南方常見的一種卡士達派。
雖然我非常喜歡口味濃厚的法式檸檬塔，
但是這種有著酥脆派皮，味道較為清爽，有著居家樸素感的派也非常美味。

材料（直徑24×高3.5cm的派模1個份）

派皮麵糰

- A ─ 低筋麵粉　150g
  ├ 鹽　½小匙
  └ 砂糖　1大匙
- 奶油（無鹽）　80g
- 冷水　40㎖

檸檬卡士達醬

- 蛋　1個
- 蛋黃　2個
- 細砂糖　150g
- 玉米粉　1大匙
- 檸檬汁　130至150㎖（4至5個份）
- 鮮奶油　350㎖
- 融化的奶油*　30g
- 香草精　少許

鮮奶油　150㎖
細砂糖　1大匙
檸檬皮（日本產／切碎／依喜好調整）　少許
手粉（高筋麵粉）　適量

*將奶油（無鹽）30g放入耐熱容器中，浸入裝有熱水的
　大調理盆中加熱融化。

前置作業

- 將奶油切碎成1cm丁狀，放入冷藏室冷卻凝固。
- 在派模中塗上奶油（份量外）。
- 烤箱預熱至180℃。
- 將擠花袋裝上直徑1.5cm的圓形擠花嘴。

1 製作派皮麵糰。在調理盆中放入A料，以打蛋器混合均勻。加入冷卻凝固的奶油，以刮板一邊將奶油切碎一邊混合均勻。

5 將擀平的麵糰捲在擀麵棍上後，平鋪、壓緊在派模上。將超出派模的派皮向外摺疊，讓派皮高出派模約1cm，再將派皮的邊緣壓緊在派模的邊緣上，以刀切除多餘的派皮。

7 在步驟**6**的派皮上鋪上一層烘焙紙，放上重石，放入預熱至180℃的烤箱中，烘烤20至25分鐘。烤好後將烘焙紙和重石取出，將派模放在網架上降溫。

a d v i c e

美式派皮的製作方法非常簡單，不過派皮麵糰揉好後，需要靜置冷藏，鋪在派模上後、烘烤之前也需要靜置冷藏，本食譜烤好後也要冷卻一晚使檸檬卡士達完全凝固。請一定要遵循這樣的步驟。

2

將奶油切碎後，以手指將奶油捏開，再以手將材料混合成砂狀（也可以改用食物調理機混合A料和奶油塊）。

3

加入冷水，再以刮板切拌混合。混合至沒有粉感之後，以手揉捏成糰，再以保鮮膜包裹，輕輕壓平，放入冷藏室靜置1小時以上。

4

在揉麵板及麵糰上撒上手粉，以**擀麵棍**將麵糰擀平至約0.3cm厚，大約超過派模一圈（直徑約28cm）的尺寸。

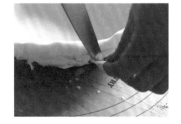

6

雙手食指交錯，將高出派模的派皮壓成波浪形。以叉子在派皮的底部戳出數個透氣孔，放入冷藏室靜置30分鐘。

8

製作檸檬卡士達醬。在調理盆放入蛋、蛋黃、細砂糖，以打蛋器混合均勻，再加入玉米粉混合均勻。接著將檸檬汁、鮮奶油、融化的奶油、香草精依序加入混合。

9

將步驟**8**作好的檸檬卡士達醬倒入步驟**7**的派皮中，放入預熱至160℃的烤箱中，烘烤40至50分鐘上色，出爐後放在網架上降溫。

10

將派冷藏1晚。在調理盆中放入鮮奶油和細砂糖，調理盆底部浸入冰水中，打至8分發（將打蛋器提起會呈現直立的尖角）。將打發的鮮奶油填入擠花袋中，在派對周圍擠一圈裝飾，再依照喜好撒上切碎的檸檬皮完成。

AUTUMN

堅果塔

Recipe → P.86

奶油餅乾

Recipe → P.88

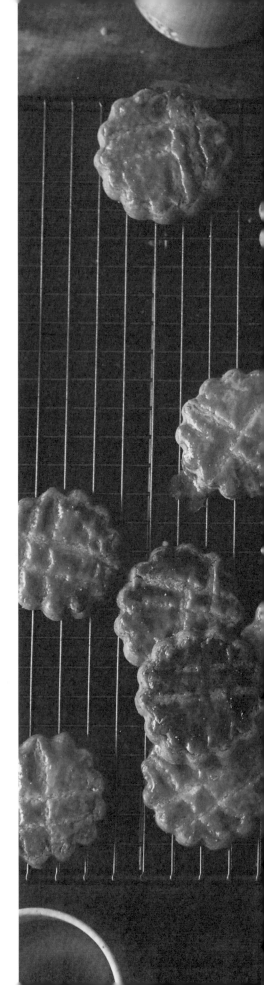

焦糖泡芙
Recipe → P.90

摩卡蛋糕捲

Recipe → P.92

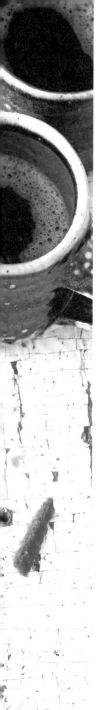

焦糖杏仁沙布列餅乾

Recipe → P.94

杏桃磅蛋糕

Recipe → P.96

香甜烤地瓜

Recipe → P.98

栗子香堤

Recipe → P.100

塔丁蘋果塔

堅果塔

酥酥脆脆的塔皮加上杏仁奶油霜，
與各種堅果和無花果乾一起烘烤。
味道濃厚但不會讓人感到有負擔，食材融為一體的風味非常可口。
堅果的香氣在口中擴散，是一道秋天就會想作的甜點。

材料（直徑24cm的塔模1個份）
塔皮麵糰
- 奶油（無鹽）　120g
- 糖粉　90g
- 鹽　1小撮
- 全蛋液　½個份（25g）
- A[低筋麵粉　170g
-   杏仁粉　30g]
杏仁奶油霜
- 奶油（無鹽）　60g
- 糖粉　60g
- 蛋　1個
- 杏仁粉　60g
核桃　80g
松子　60g
開心果　30g
無花果乾（大）　4至5個
粗鹽　1小匙
手粉（高筋麵粉）　適量

前置作業
· 將奶油放置至常溫下軟化。
· 蛋放置至常溫。
· 在塔模中薄薄塗上一層奶油（份量外）。
· 烤箱預熱至180℃。

advice

塔皮中加入了杏仁粉，增添香氣，搭配堅果和杏仁奶油霜，味道更加和諧。將塔皮邊緣以烘焙夾壓出花樣增添樂趣，也可以依照喜好搭配不同堅果組合，撒上粗鹽提味也是要點之一。

1

製作塔皮麵糰。在調理盆中放入奶油，以橡皮刮刀攪拌成霜狀。接著加入糖粉和鹽攪拌至質地柔軟均勻。

5

在揉麵板和麵糰上都撒上手粉，以擀麵棍將麵糰擀平至約0.5cm厚。

9

製作杏仁奶油霜。在調理盆中放入奶油，以橡皮刮刀攪拌成霜狀。加入糖粉攪拌至質地柔軟均勻後，改以打蛋器將奶油打至顏色變白。把蛋打散後少量多次加入，混合均勻。

2

慢慢將全蛋液加入，儘量不要混入空氣，以橡皮刮刀攪拌均勻。

3

將A料混合過篩加入，以橡皮刮刀切拌混合。大致混合均勻後，以將底部的材料往上翻起後再向下壓的方式，混合至均勻沒有粉感。

4

混合至完全沒有粉感後，將麵糰整理平整，以保鮮膜包裹後，冷藏靜置1小時。

6

將擀平的塔皮捲在擀麵棍上，平鋪、壓緊在塔模上，並以手指將角落的塔皮壓緊。

7

將側面的塔皮以手指壓緊，貼合塔模，再以刀切除多餘的派皮。

8

塔皮邊緣以烘焙夾輕輕壓出花樣。

10

加入杏仁粉，橡皮刮刀以下壓的方式將整體混合均勻。

11

將步驟**10**的杏仁奶油霜放到步驟8的塔皮上，以刮板平均塗抹開來。

12

放上堅果類，將對切的無花果乾整齊排列，再撒上粗鹽。放入預熱至180℃的烤箱中，烘烤40至45分鐘即完成。

奶油餅乾

奶油餅乾結合了牙齒咬下時的酥脆感和在口中的厚實感，
被稱為Galette Nantaise，是源於法國西部都市——南特的一種傳統甜點。
以前我在法國的甜點店工作時，這可是店裡的人氣甜點呢！
在菊花形狀的餅乾上壓出格子壓痕，再烤出濃郁的色澤，就是最正統的作法。

材料（直徑4cm的菊花形壓模70個份）
發酵奶油（無鹽） 100g
奶油（無鹽） 100g
糖粉 50g
細砂糖 90g
鹽 1小撮
香草精 4滴
蛋黃 1個
低筋麵粉 350g
泡打粉 ¼小匙
蛋液
┌ 蛋黃 1個
│ 水 2小匙
└ 砂糖 1小撮
低筋麵粉（手粉用） 適量

前置作業
· 將發酵奶油於常溫放置至軟化。
· 烤盤鋪上烘焙紙。
· 烤箱預熱至180℃。

1

在調理盆中放入發酵奶油，以橡皮刮刀攪拌成霜狀。

5

將低筋麵粉和泡打粉過篩加入，以橡皮刮刀切拌混合。大致混合均勻後，以將底部的材料翻起後再向下壓的方式，混合至均勻沒有粉感。

9

在壓模上抹好手粉後，將麵糰壓型。剩餘的麵糰重新揉好擀成1cm厚，再次壓型。另一半的麵糰也以相同的方式壓型。在小調理盆中將蛋打散，加入水和砂糖混合均勻。

advice

使用發酵奶油，增添比一般奶油更豐富的風味。最大的要點是同時使用鬆鬆的糖粉和脆脆的細砂糖。只使用蛋黃而不使用蛋白，讓口感更加溫潤厚實。在餅乾表面塗上蛋液，可以讓烘烤的成色更美麗，是非常重要的步驟。

2

加入糖粉攪拌均勻，再加入細砂糖攪拌至質地柔軟均勻。

3

以打蛋器將材料快速攪拌至顏色變白，加入鹽攪拌均勻，然後滴入香草精混合均勻。

4

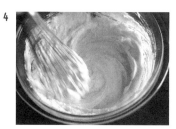

加入蛋黃，攪拌至質地蓬鬆柔軟。

6

混合至完全沒有粉感後，將材料揉成麵糰並整理平整，以保鮮膜包裹後，冷藏靜置2至3小時。

7

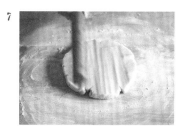

取出一半的麵糰，在揉麵板和麵糰上都撒上手粉，以擀麵棍將麵糰壓平。

8

以擀麵棍將麵糰擀平至1cm厚。可以將1cm的厚度墊尺（將麵糰擀至平均厚度的輔助工具）置於麵糰兩側，將麵糰擀平。

10

將壓好形狀的麵糰整齊排列在鋪好烘焙紙的烤盤中，塗上步驟**9**的蛋液，以竹籤壓出直、橫各2道的痕跡。放入預熱至180℃的烤箱中，烘烤15分鐘至表面上色，即可完成。

焦糖泡芙

加了鹽的泡芙外皮、蛋奶香十足的卡士達內餡、
微苦焦糖醬的酥脆食感，
是我最喜歡的一款經典泡芙。

材料（19至20個份）
泡芙外皮
```
┌─ ┌ 牛奶　60㎖
│  │ 水　60㎖
│ A│ 奶油（無鹽）　60g
│  │ 砂糖　1小匙
│  └ 鹽　3g
│ 低筋麵粉　40g
│ 高筋麵粉　30g
└─ 蛋　2至3個
```
卡士達內餡
```
┌─ 牛奶　500㎖
│ 香草莢　½根
│ 蛋黃　6個
│ 砂糖　155g
│ 低筋麵粉　50g
│ 奶油（無鹽）　30g
└─ 柑橘酒（深色）*　2小匙
```
焦糖醬
```
┌─ 細砂糖　150g
└─ 水　2大匙
```

＊一種以橙皮製作的利口酒。

前置作業
· 泡芙外皮用的蛋和卡士達內餡用的奶油放置至常溫。
· 泡芙外皮用的低筋麵粉和高筋麵粉混合過篩。
· 泡芙外皮用的擠花袋裝上直徑1.5cm的圓形花嘴，卡
　士達內餡用的擠花袋裝上直徑1cm的圓形花嘴。
· 烤箱預熱至190℃。
· 香草莢縱切一刀，不要完全切斷。

a d v i c e

製作泡芙外皮時，1.在水和奶油沸騰時加入粉類，不停攪
拌至鍋底出現薄膜。2.蛋液要根據麵糰的狀態，少量加入
調整。3.加熱至水分完全蒸發。請注意以上三個要點，這
是作出和濃厚的卡士達內餡及焦糖苦味搭配的美味泡芙外
皮的重要秘訣。

1

製作泡芙外皮。在鍋中放入A料，
以中火加熱。奶油完全融化沸騰
後，將粉類一次加入，並快速攪
拌。如同使材料在鍋中旋轉般，
均勻攪拌至成糰，鍋底出現薄膜
後，將麵糰移至調理盆中。

5

製作卡士達內餡。在鍋中放入牛
奶和香草莢，以中火加熱，待邊
緣起泡後關火。此時請小心香草
莢燙手，取出香草籽加入鍋中
後，香草莢便捨棄不用。

9

加熱攪拌至表面出現光澤後，將
卡士達內餡倒入托盤中鋪平。托
盤底部浸入冰水，並以保鮮膜封
口，讓卡士達內餡降溫。

2

以打蛋器將蛋打散，少量多次加入步驟**1**的調理盆中，並以木鍋鏟攪拌至質地光滑。持續加入蛋液，調整至以木鍋鏟舀起麵糰時，麵糰會呈倒三角形掉落的狀態。

3

將步驟**2**的麵糰填入擠花袋中，在鋪好烘焙紙的烤盤上，間隔4至5cm擠上直徑約3cm的麵糰。

4

以叉子的背面沾取剩餘的蛋液，輕輕壓在麵糰上。放入預熱至190℃的烤箱中，烘烤15分鐘後，再以170至180℃繼續烘烤20分鐘，烤至麵糰的壓紋也上色後取出放涼。

6

在調理盆中以打蛋器將蛋黃打散，加入砂糖後攪拌至質地順滑。

7

將低筋麵粉加入步驟**6**的調理盆中，再加入少量步驟**5**的牛奶，混合均勻後，將步驟**5**的牛奶全部加入，混合均勻。

8

將步驟**7**的材料仔細攪拌均勻後倒入鍋中，以中大火加熱，並以耐熱的橡皮刮刀攪拌並快速攪拌至質地變得濃稠並冒出氣泡。

10

將卡士達內餡移入調理盆中，依序加入奶油和柑橘酒，混合均勻，以保鮮膜封口後放入冷藏室冷卻。

11

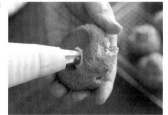

將泡芙外皮的底部以筷子戳洞。將步驟**10**的卡士達內餡填入擠花袋中，擠入泡芙內。

12

在鍋中以中火加熱焦糖醬的材料，煮至深焦糖色後，將鍋底浸入水中降溫。將步驟**11**的泡芙上半部沾取焦糖醬，在烤盤上鋪好烘焙紙，將泡芙沾著焦糖的一端向下擺放在烤盤上（若鍋中的焦糖凝固，就加入少許水加熱融化）。待焦糖醬凝固後將泡芙翻面，就完成了。

摩卡蛋糕捲

在各式各樣的蛋糕捲中，我最喜歡的就是摩卡（咖啡）口味了。
雖然稱作「摩卡捲」，但口味並不會過重，
柔軟的蛋糕和清爽的鮮奶油都散發著淡淡的咖啡香。

材料（28×28cm的烤盤1個份）
海綿蛋糕
┌ 蛋　3個
│ 細砂糖　70g
│ 低筋麵粉　40g
│ 奶油（無鹽）　5g
└ 牛奶　10㎖
即溶咖啡　2大匙
鮮奶油內餡
┌ 鮮奶油　200㎖
│ 細砂糖　2大匙
└ 蘭姆酒（深色）　2小匙

前置作業
· 蛋放置至常溫。
· 奶油和牛奶放入耐熱容器中，浸入裝有熱水的大調理盆加熱融化（如下圖1所示）。
· 即溶咖啡加入2小匙熱水溶解。
· 烤盤鋪上烘焙紙。將烘焙紙裁切成可以覆蓋到烤盤側面的的大小，從烘焙紙的四角頂點各向內斜剪一刀至與烤盤同深，折起使烘焙紙貼合（如下圖2所示）。若方便取得，建議使用蛋糕捲專用烘焙紙或是草紙等，表面較粗糙的紙，會較容易剝離蛋糕，也比較容易將蛋糕捲起來。
· 烤箱預熱至200℃。

1

2

advice

海綿蛋糕裡加了牛奶，減少麵粉的用量，製作成比較濕潤的質地，會比較容易將蛋糕捲起。製作海綿蛋糕時，將蛋徹底打發後，快速與粉類混合均勻是基本要領。製作大片的蛋糕時，所需的烘烤時間較短，受熱也比較平均，初學者也能夠輕鬆上手。

1

製作海綿蛋糕。在調理盆中放入蛋，以打蛋器打散後，加入細砂糖混合均勻。將調理盆的底部浸入約70℃的熱水中，以手持式電動攪拌器高速打發至顏色變白，再以低速繼續打發，調整質地。

5

將麵糊倒入鋪好烘焙紙的烤盤中，以刮板將表面刮平。注意要以同方向將麵糊刮平，厚度才會平均。將烤盤輕摔2至3次，排出空氣，放入預熱至200℃的烤箱中烘烤10分鐘。

8

將蛋糕從塑膠袋中取出，翻轉後撕下烘焙紙，再翻回來將顏色深的一面朝上放在烘培紙上。

2

換回一般的打蛋器繼續打發。打至可以畫出緞帶般的線條,並且線條會慢慢消失的程度就可以了。過程中如果蛋的溫度升高,就將調理盆移離熱水,停止加熱。

3

加入低筋麵粉,以橡皮刮刀切拌混合均勻。

4

將咖啡的½先倒至橡皮刮刀上,再加入調理盆中,輕輕攪拌均勻。加入融化的奶油和牛奶,切拌混合均勻。

6

出爐後將烤盤放在網架上,一起放入塑膠袋中,防止水分蒸散導致蛋糕過於乾燥。塑膠袋開口不要封起,以利通風,靜置30分鐘降溫。

7

製作鮮奶油內餡。在調理盆中放入鮮奶油,加入細砂糖,將調理盆的底部浸入冰水中,以打蛋器將鮮奶油打發。加入剩餘的咖啡和蘭姆酒後,打至7分發(提起打蛋器會呈現軟軟的尖角)。

9

以抹刀在蛋糕上塗抹鮮奶油內餡,靠近操作者的一側塗抹較厚、較遠的一側則較薄。為了方便捲起,以抹刀在靠近操作者的一側,間隔4cm劃3條痕跡。

10

將靠近操作者一側的烘焙紙抬起後向上捲,以擀麵棍壓住海綿蛋糕後,將烘焙紙捲在擀麵棍上,轉動擀麵棍慢慢將蛋糕捲起。捲完後將蛋糕捲往前推,抵住擀麵棍壓實。以保鮮膜包裹蛋糕捲後,冷藏室30分鐘。依照喜好以濾網撒上糖粉(份量外)就完成了。也可以利用蕾絲裝飾紙,將糖粉灑出漂亮的花樣。

焦糖杏仁沙布列餅乾

這是一種在餅乾上覆蓋焦糖杏仁的法國傳統甜點。
加入了奶油的酥脆餅乾,搭配香氣十足的焦糖杏仁,
在口中取得美味的平衡。

材料(15×15cm的無底方形模1個份)
餅乾麵糰
┌ 奶油(無鹽) 95g
│ 糖粉 50g
│ 鹽 1g
│ 蛋黃 ½個份
└ 低筋麵粉 130g
焦糖杏仁
┌ 奶油(無鹽) 40g
│ 鮮奶油 40㎖
│ 細砂糖 50g
│ 蜂蜜 20g
│ 水飴 20g
└ 杏仁片 70g
手粉(高筋麵粉) 適量

前置作業
· 餅乾麵糰用的奶油在常溫下放置至柔軟。
· 烤箱預熱至190℃。

1 製作餅乾麵糰。將奶油放入調理盆中,以橡皮刮刀攪拌至霜狀,再加入糖粉攪拌至質地柔軟。

5 將步驟**4**的麵糰放在灑了手粉的揉麵板上,輕輕揉捏。麵糰下方鋪上烘焙紙,再次撒上手粉,以擀麵棍將麵糰壓平。

9 製作焦糖杏仁。在鍋中放入杏仁片以外的材料,以中火加熱,不時搖動鍋子使受熱均勻。加熱至約115℃(使用料理溫度計測量,或在沸騰後持續加熱1分鐘)。

advice
- -
餅乾麵糰使用大量的奶油和較少的麵粉,烘烤過後口感非常酥脆。在鍋中將焦糖杏仁熬煮到有淺淺的焦糖色後就放到餅乾上,放入烤箱後再烘烤至漂亮的色澤。烤好後等待焦糖冷卻凝固,在還有餘溫時切成小塊。
- -

2

以打蛋器將奶油打至顏色發白，加入鹽混合均勻。接著加入蛋黃，輕輕攪拌至質地順滑。

3

將低筋麵粉過篩加入，以橡皮刮刀切拌攪拌均勻。大致混合均勻後，以將底部的麵糰翻起後再向下壓的方式，混合至均勻沒有粉感。

4

混合至完全沒有粉感後，揉成麵糰整理平整，以保鮮膜包裹後冷藏靜置2至3小時。

6

以擀麵棍將麵糰擀平，擀成比方形模稍大一點的正方形。

7

將方形模壓在麵糰上。
※多餘的麵糰揉成1口大小的圓球後壓扁，下個步驟一起放進烤箱烘烤。

8

將麵糰連同烘焙紙一起放入烤盤中，以叉子在麵糰上戳出數個氣孔，放入預熱至190℃的烤箱中，烘烤15分鐘。

10

加入杏仁片，以耐熱的橡皮刮刀快速混合均勻。倒在步驟8的餅乾麵糰上，將表面刮平整，連著烤模一起放入烤箱中，以190℃烘烤20至25分鐘上色。

11

取出烤盤後，以刀子沿著模具的側邊切開，將餅乾脫模。

12

將烘焙紙和餅乾移出烤盤放涼，在還有餘溫時切成邊長5cm的正方形，就完成了。

杏桃磅蛋糕

磅蛋糕是非常基本的甜點，可以加入喜歡的果乾或堅果，作出各種變化。
其中，我格外推薦這道食譜，有著濃厚奶油風味的蛋糕體，
和飄散八角風味、酸酸甜甜的杏桃，簡直是絕配。

材料（17×8×高7cm的磅蛋糕烤模1個份）
糖煮杏桃
┌ 杏桃乾　　100g
│ 細砂糖　　120g
└ 八角*1　　1至2個
奶油（無鹽）　120g
黍砂糖　100g
蛋　2個
低筋麵粉　120g
泡打粉　½小匙
糖漿
┌ 糖煮杏桃的湯汁　3大匙
└ 杏仁香甜酒*2　　2大匙

*1　有6到8個角，帶有清爽甜味和香味的星形香料。
*2　一種以杏桃核萃取物製作而成的利口酒。

前置作業
· 奶油在常溫下放置至軟化。
· 蛋放置至常溫。
· 杏桃乾以水浸泡，除去浮在表面的雜質後瀝乾水分。
· 裁剪兩張烘焙紙，一張剪成同烤模底部寬、鋪墊於烤模中兩邊會高出3cm的長度，另一張以相同方法，但裁成與烤模長度同寬。在烤模中薄塗一層奶油（份量外），將烘焙紙呈十字交叉鋪入，側面也要貼合烤模（如下圖所示）。
· 烤箱預熱至180℃。

advice

要作出濕潤柔軟的磅蛋糕，最重要的一點是不能讓奶油分離，訣竅是將奶油放軟後，打入空氣和細砂糖一起攪拌，並慢慢將蛋加入混合。黍砂糖和杏桃的味道非常搭配，並且微微的甜味很適合這款磅蛋糕。

1

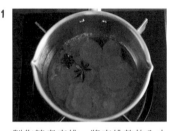

製作糖煮杏桃。將杏桃乾放入小鍋中，加入細砂糖和八角，加水後以中火加熱。沸騰後轉小火，除去表面雜質後，繼續熬煮30分鐘。

5

將低筋麵粉和泡打粉混合過篩，加入步驟**4**的調理盆中。以橡皮刮刀切拌混合至沒有粉感。

9

將剩餘的杏桃、步驟**2**的八角放在麵糊上，放入預熱至180℃的烤箱中，烘烤40至45分鐘。以竹籤戳一下，沒有麵糊附著在竹籤上就表示烤好了。

2

以濾網過濾後放涼，留下3大匙的湯汁和八角備用。

3

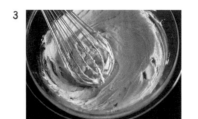

製作蛋糕麵糊。在調理盆中放入奶油，以橡皮刮刀攪拌成霜狀。加入黍砂糖混合均勻。以打蛋器打入空氣，打至顏色發白，質地蓬鬆。

4

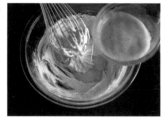

將蛋確實打散。將蛋液慢慢加入步驟**3**的調理盆中，一邊攪拌不要讓蛋液和奶油分離。過程中如果有點分離時，就加入少許低筋麵粉攪拌均勻。

6

將步驟**2**的杏桃切成大塊，保留少許備用，其餘加入調理盆中。

7

將步驟**6**的麵糊⅓倒入烤模中，將烤模輕摔數次，使麵糊貼緊烤模。剩下的麵糊也以同樣方式倒入，最後將表面抹平。

8

以洗淨的抹刀在麵糊中央切2cm深的切口。

10

出爐後馬上拉著側邊的烘焙紙將蛋糕脫模。將步驟**2**的湯汁和杏仁香甜酒混合成糖漿，取½塗滿還熱燙的蛋糕，稍微降溫後再塗上剩餘的糖漿，放置1日後就可享用了。

香甜烤地瓜

烤地瓜充滿了懷舊感。
雖然也可以直接使以較小的地瓜烘烤，但是將地瓜加工成小塊後再烘烤，
味道會更加濃厚。
烤好後可以搭配冰淇淋或鮮奶油享用。放涼後再享用也非常美味。

材料（8至9個份）
地瓜*1　6條（約1.8kg）
黍砂糖　60至80g*2
蛋黃　2個
鮮奶油　1至2大匙*2
鹽　1小撮
奶油（無鹽／切成1cm丁狀）　40g
白蘭地（或深色蘭姆酒）　2小匙
蛋液
┌ 蛋黃　1個
│ 砂糖　1小撮
└ 水　½小匙

＊1　選用每條約300g，形狀漂亮的地瓜較適合。
＊2　份量依地瓜的水分和甜度調整。

前置作業
・烤箱預熱至190℃。

1

地瓜以水洗淨後擦乾水分，帶皮放入預熱至190℃的烤箱，烘烤1小時至1小時20分。若竹籤能輕鬆穿過地瓜，就表示烤好了。

5

一次加入1個蛋黃，混合均勻，再依序加入鮮奶油和鹽混合均勻。

a d v i c e

關於地瓜的品種，個人推薦選用Silk Sweet或安納地瓜，水分較多、黏性也較高。若使用紅東地瓜或高系14號等水分較少、口感較乾的地瓜製作，就需要加入足夠的鮮奶油。因為酒的風味和地瓜非常搭配，所以請務必試試加入白蘭地或蘭姆酒。

2

在地瓜還溫熱時，小心不要破壞表皮，以湯匙將地瓜肉挖至調理盆中（淨重700至800g）。將地瓜皮分別對切，總共12片，保留漂亮的8至9片在步驟7中作為容器使用。

3

將步驟2刮出的地瓜肉以壓泥器或木杵壓碎。

4

將步驟3的地瓜泥放入鍋中，加入黍砂糖以中火加熱。以耐熱的橡皮刮刀攪拌，直至黍砂糖融化。

6

加入奶油，攪拌至地瓜泥聚在一起，接著加入白蘭地，混合後關火降溫。

7

將步驟2的地瓜皮當作容器，以抹刀填入步驟6的地瓜泥，並將表面作成山脈般的形狀。

8

將蛋液的材料混合均勻後，塗抹於地瓜泥表面。放入預熱至190℃的烤箱中，烘烤15至20分鐘，烤至顏色變深就完成了。享用時可依照喜好搭配香草冰淇淋（份量外），並撒上肉桂粉（份量外）。

栗子香堤

每年一到栗子的季節，我就一定會作這道甜點。
雖然將栗子剝皮、去殼和磨碎的步驟比較複雜，但是製作的方法其實很簡單。
濃厚的栗子泥上放上香堤鮮奶油，再加上一點酸甜的覆盆子醬，一口咬下滿滿幸福感的一道甜點。

材料（方便製作的份量）
栗子泥
┌ 栗子　500g
│ 細砂糖　75至90g
│ 奶油（無鹽）　25g
│ 牛奶　50㎖
└ 白蘭地（或深色蘭姆酒）　1小匙
覆盆子醬
┌ 覆盆子　200g
│ 細砂糖　100g
└ 檸檬汁　1大匙
香堤鮮奶油
┌ 鮮奶油　200㎖
│ 細砂糖　2大匙
└ 白蘭地（或是深色蘭姆酒）　2小匙

前置作業
・栗子以水浸泡30分鐘。

1

製作栗子泥。為了方便剝去栗子殼，在上方縱切一刀。

4

將剝好的栗子放入鍋中，加入細砂糖，以中火加熱。以耐熱的橡皮刮刀攪拌，直至細砂糖融化。

8

製作香堤鮮奶油。在調理盆中放入鮮奶油和細砂糖，將調理盆的底部浸入冰水中，以打蛋器將鮮奶油打發，接著加入白蘭地後打至7分發（提起打蛋器後鮮奶油呈現軟軟的尖角）。

advice

在不蓋過栗子本身風味的前提下，加入細砂糖增加甜味。
依栗子泥的濃度調整牛奶的使用量，加入白蘭地後會讓整體的味道更加豐富豪華。

2
在壓力鍋中放入適量的水，將栗子裝入專用的蒸盤中放入，蓋上鍋蓋讓壓力升高，以小火加熱6分鐘。關火後，待壓力下降再打開鍋蓋（加熱時間以及使用方法，請遵循壓力鍋的使用說明書）。或是使用蒸籠蒸40至50分鐘。

3
沿著剛剛切出的刀口，將栗子殼剝除。

5
加入奶油攪拌，直至栗子呈現泥狀。

6
將牛奶分成3次加入，徹底混合均勻。接著加入白蘭地攪拌均勻後，離火降溫。

7
製作覆盆子醬。在鍋中以中火加熱覆盆子、細砂糖和檸檬汁。熬煮5分鐘，待煮出果汁，便可離火降溫。

9
將步驟**6**的栗子泥過篩，盛入容器中配上香堤鮮奶油和覆盆子醬一起享用。未食用完畢的栗子泥放入保存容器，置於冷藏室中可保存4至5日。

塔丁蘋果塔

塔丁蘋果塔是一道傳統的法式甜點。
據說是19世紀後半，在法國的小村莊裡經營著塔丁旅館的塔丁姊妹，因為一次製作失誤而誕生的甜點。
以焦糖和奶油熬煮的蘋果，搭配酥脆的塔皮，十分地美味。
撒上細砂糖烘烤，形成香脆的表面，再蓋上冷凍派皮就完成了。

材料（直徑15cm的圓形烤模 1個份）
蘋果（紅玉）* 6至7顆（1.2kg）
冷凍派皮（20×20cm） 1片

A
┌ 細砂糖 100g
│ 檸檬汁 1個份
└ 水 100㎖

焦糖Ⓐ
┌ 細砂糖 100g
└ 水 2大匙

焦糖Ⓑ
┌ 細砂糖 60g
└ 水 1大匙

奶油（無鹽） 50g
細砂糖 1大匙

＊使用富士蘋果亦可，將四顆（1.2kg）切成6等份。

前置作業
・每顆蘋果切成4等份後去皮去芯（如下圖所示）。
・將奶油切成1cm丁狀。
・在烤模上薄塗一層奶油（份量外）。
・烤箱預熱至180至190℃，及200℃。

advice

以大量的蘋果填滿烤模。為了讓蘋果疊得緊密，由大塊的蘋果開始，從外圍向中央排列，然後在頂端排放小塊的蘋果，使頂端呈現平坦。放入烤箱烘烤後，蘋果會出水，於是塔的高度會稍微下降一些。此時淋上焦糖，沾滿全部的蘋果，然後冷藏一個晚上，讓焦糖徹底凝固。

1

將蘋果放入琺瑯或不鏽鋼鍋中，加入A料，以大火加熱。沸騰後轉為中火，持續熬煮10分鐘，直到蘋果變得有點透明。將蘋果和湯汁撈出，於托盤上鋪平放涼。

5

將蘋果排滿至正中央，倒入托盤中剩餘的湯汁，放入預熱至180至190℃的烤箱中，烘烤40分鐘。

8

在烤盤上鋪好烘焙紙，放上步驟7的冷凍派皮，放入預熱至200℃的烤箱中，烘烤10分鐘。出爐後依序蓋上烘焙紙和烤盤，繼續以200℃烘烤15至20分鐘，直至變色。

2

在小鍋中放入焦糖Ⓐ的細砂糖和水，以中火加熱，一邊搖晃鍋子將糖水煮至深褐色。將焦糖倒入烤模中，讓焦糖鋪滿烤模底部後冷卻。

3

步驟**2**的焦糖冷卻後，將奶油塊平均撒入。

4

將步驟**1**的蘋果沿著烤模的內側直立排列。

6

在小鍋中放入焦糖Ⓑ的細砂糖和水，以中火加熱，一邊搖晃鍋子將糖水煮至深褐色。將焦糖倒在步驟**5**的蘋果上，繼續以180至190℃烘烤15至20分鐘，過程中以木鍋鏟輕壓表面（小心燙傷）。烤好後取出放涼，以鋁箔紙蓋上後，冷藏1晚。

7

將冷凍派皮稍微解凍，以叉子在整片派皮上戳透氣孔，平均抹上水，撒上細砂糖。

9

烤好後取下烘焙紙和烤盤降溫。放上直徑15cm的烤模，以刀沿著烤模外圍，將派皮切成圓形。

10

將步驟**9**切好的派皮，有撒糖的一面朝下，蓋在步驟**6**的蘋果上並壓緊。烤模底部以中火加熱2至3分鐘讓焦糖融化，然後將烤模放入裝有少許熱水的調理盆中。

11

將抹刀插入烤模與蘋果塔之間，切一圈後將烤模倒扣，讓塔丁蘋果塔脫模就完成了。食用時切成小塊，可配上打發鮮奶油（份量外）一起享用。

WINTER

李子乾熔岩巧克力蛋糕

Recipe → P.120

巧克力達克瓦茲

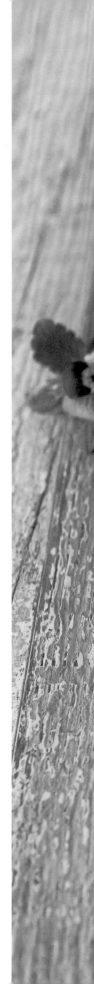

香蕉巧克力塔

Recipe → P.124

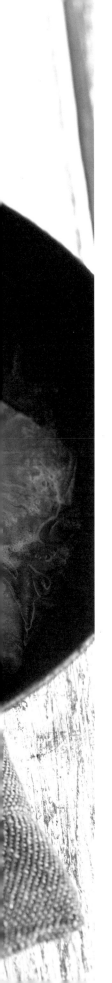

火燄可麗餅

Recipe → P.126

週末檸檬蛋糕

Recipe → P.128

聖誕果凍

Recipe → P.130

聖誕奶油水果蛋糕

Recipe → P.132

李子乾熔岩巧克力蛋糕

英文為Chocolate Fondant，其中Fondant有著融化之意。
濕潤且入口即化，正是這款巧克力蛋糕的魅力所在。
將李子乾以紅酒燉煮後加入麵糊一起烘烤，讓巧克力蛋糕多了一絲大人的風味。

材料（直徑15cm的烤模1個份）
烘焙用巧克力（甜味）　110g
奶油（無鹽）　90g
蛋　3個
細砂糖　120g
可可粉　30g
紅酒煮李子乾*
　李子乾　250g
　紅茶（較濃）　1杯
　　紅葡萄酒　1杯
　　細砂糖　60g
A　柳橙（日本產／切圓片／
　　　或是去皮後切圓片）　½個份
　　肉桂棒（折成兩半）　1根
　　香草莢（縱切一刀口）　½根

＊方便製作的份量。未用完的紅酒煮李子乾冷藏可保存2週。

前置作業
・將李子乾於紅茶中浸泡1小時，使李子乾變軟（如下
　圖1所示）。
・在烤模上薄塗一層奶油（份量外），將烘焙紙鋪在烤
　模底部、貼在側面。因為蛋糕烘烤後會膨脹，所以烘
　焙紙要稍微高出烤模（如下圖2所示）。
・將巧克力大致切碎。
・將奶油切成1cm丁狀。
・烤箱預熱至180℃。

1

2

advice

這是一款不使用麵粉，以可可粉和巧克力製作的蛋糕，口
感非常濕潤。將空氣混入蛋中徹底打發，即使加入濃稠的
巧克力，氣泡也不容易消失。混合材料時，只要將材料混
合均勻就可以了，不要過度攪拌。烘烤時蛋糕會膨脹，表
面裂開、冷卻後就可以享用了。這就是正確的作法。

1

製作紅酒煮李子乾。將李子乾和
浸泡的紅茶倒入鍋中，加入A料
以中火加熱。煮沸後轉小火，燉
煮15分鐘。煮好後稍微放涼，放
入保存容器，置於冷藏室中冷
卻。

4

以手持式電動攪拌器高速將蛋打
發至變白，再以低速輕輕打發均
勻。過程中如果蛋的溫度升高，
就將調理盆拿離熱水。

8

將材料從大理石紋充分混合至均
勻的咖啡色，再以橡皮刮刀將調
理盆中的材料從底部翻起，徹底
混合均勻。

將巧克力和奶油放入調理盆中，調理盆浸入裝有熱水的鍋中，隔水加熱。巧克力和奶油稍微融化後，以耐熱的橡皮刮刀混合均勻，讓巧克力和奶油融化至質地光滑。

另取一個調理盆，將蛋以打蛋器打散後，加入細砂糖混合均勻。將調理盆底部浸入約70℃的熱水中，一邊混合材料至細砂糖融化。

換回一般的打蛋器繼續打發。打發至可以畫出緞帶般的線條，並且線條會慢慢消失的程度就可以了。

將可可粉加入步驟2的調理盆中，以橡皮刮刀攪拌均勻。

將步驟6的巧克力加入步驟5的調理盆中，一邊避免讓氣泡消失，一邊混合均勻。

將材料倒入烤模中，將烤模輕摔2至3次。

放上紅酒煮李子乾8至10個，放入預熱至180℃的烤箱中，烘烤12至15分鐘。出爐後將蛋糕放涼，接著脫模放入冷藏室冷卻，再以濾網撒上可可粉（份量外）便可完成。切塊後可以依照喜好搭配打發鮮奶油（份量外）享用。

巧克力達克瓦茲

加入了蛋白霜、杏仁粉和糖粉製作而成的一種甜點。
外皮酥脆，內裡蓬鬆的食感非常受歡迎，
味道微甜，適合作為搭配紅茶或咖啡的小點心。
以新鮮的巧克力奶油霜作為內餡，再將蛋白餅輕輕壓緊完成了！

材料（15個份）
達克瓦茲蛋白餅
┌ 蛋白　100g
│ 細砂糖　20g
│ ┌ 杏仁粉　80g
│ A │ 糖粉　80g
└ └ 低筋麵粉　20g
糖粉　150g
巧克力奶油霜
┌ 鮮奶油　100㎖
│ 烘焙用巧克力（甜味）　100g
│ 細砂糖　2又½小匙
└ 白蘭地　1小匙

前置作業
· 將A料混合過篩。杏仁粉如果有結塊就以手指壓碎。
· 將巧克力大致切碎。
· 蛋白餅用的擠花袋裝上直徑1.5cm的圓形花嘴，內餡
  用的擠花袋裝上直徑1cm的圓形花嘴。
· 烤箱預熱至180℃。

advice

達克瓦茲的外皮將杏仁粉、砂糖和低筋麵粉混合後便能簡
單製作，重點是要將蛋白徹底打發、混合粉類時要快速，
這樣就能製作出蓬鬆的外皮了。糖粉需要撒上二次，第一
次讓糖粉融入麵糊中，第二次則是要營造酥脆的口感。由
於內餡是以新鮮巧克力製成的奶油霜，所以建議冷藏後食
用。如果要作為禮物，包裝時請不要忘了保冷劑。

1

製作達克瓦茲蛋白餅。將蛋白放
入調理盆中以，手持式電動攪拌
以器高速稍微打發後，將細砂糖
分成3至4次加入，徹底打發。

5

將糖粉以細網篩過篩，撒在擠好
的麵糊上。第一次均勻撒在所有
麵糊的表面後，再撒第二次。

9

在步驟8的調理盆中加入步驟7材
料的⅓，以橡皮刮刀攪拌均勻。
再將步驟7剩下的材料全部加入混
合均勻，最後加入白蘭地攪拌均
勻。

2

以打蛋器繼續打發，打發至提起打蛋器後，蛋白霜呈現直立尖角的程度。

3

將過篩好的A料⅓加入步驟**2**的調理盆中，以橡皮刮刀混合均勻後，再加入剩下的A料攪拌。儘量不要製造氣泡，一邊轉動調理盆，一邊將材料由底部向上翻起，徹底混合均勻。

4

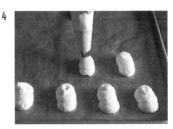

將步驟**3**混合好的麵糊填入擠花袋中，在鋪好烘焙紙的烤盤上，厚厚擠成約4cm的長條狀。

6

放入預熱至180℃的烤箱中，烘烤15分鐘後，取出置於網架上放涼。

7

製作巧克力奶油霜。將½量的鮮奶油放入鍋中，加入細砂糖後以中火加熱。沸騰後關火，加入切碎的巧克力，以耐熱的橡皮刮刀攪拌至融化，然後靜置散熱。

8

將剩餘的鮮奶油加入調理盆中，將調理盆底部浸入冰水中。以打蛋器將鮮奶油打至9分發（提起打蛋器後呈現堅硬尖角的狀態）。

10

將步驟**9**完成的巧克力奶油霜填入擠花袋中。在一半步驟**6**製作好的蛋白餅中央，來回擠上巧克力奶油霜，再將另一半的蛋白餅蓋上，作成夾心。放入冷藏室中冷卻便完成，可以享用。

香蕉巧克力塔

香蕉和巧克力絕對是最佳拍檔，再以些許香草點綴，
加入杏仁粉的酥脆塔皮也與濃郁的巧克力非常相襯。
烤過的香蕉和新鮮的香蕉，兩種不同的味道和口感混合非常有趣。

材料（直徑18cm的塔模1個份）
塔皮麵糰

A
- 低筋麵粉　150g
- 糖粉　60g
- 杏仁粉　25g
- 鹽　1小撮
- 奶油（無鹽）　100g
- 全蛋液　½個分（25g）
- 香草精　少許

巧克力內餡
- 鮮奶油　130㎖
- 牛奶　20㎖
- 香草莢　1根
- 烘焙用巧克力（甜味／粒狀）*　100g
- 蘭姆酒（深色）　1小匙
- 蛋　1個

香蕉　3根
可可粉　適量
手粉（高筋麵粉）　適量

＊也可將片狀巧克力切碎代替。

前置作業
・將奶油切成1cm丁狀，冷藏凝固。
・在塔模中塗上奶油（份量外）。
・香草莢縱切一刀口。
・烤箱預熱至160℃。

1
製作塔皮麵糰。在調理盆中將A料的低筋麵粉和糖粉過篩放入，再加入杏仁粉和鹽。接著加入冷藏凝固的奶油，以刮板一邊將奶油切碎一邊混合均勻。

5
將擀平的麵糰捲在擀麵棍上後，平鋪在塔模上。以手指將塔模底部及角落的麵糰壓緊。

8
製作巧克力內餡。將鮮奶油、牛奶和香草莢，放入鍋中以中火加熱，沸騰後關火。接著將香草籽取出，此時請小心燙手，去除香草籽的香草莢留著作為裝飾。加入巧克力混合均勻後，再加入蘭姆酒混合。

advice

決定塔皮種類時要考慮和內餡的平衡，這道食譜的塔皮口感較為酥脆厚實，使用冷藏的奶油和粉類混合，並如同要讓麵團出筋般按壓、揉捏。增添杏仁粉香味的塔皮和濃厚的巧克力風味最搭了。

2

奶油切碎後，以手指將奶油捏開，再以手將材料混合成砂狀（A料和奶油塊也可以食物調理機混合）。在全蛋液中加入香草精。

3

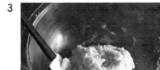

將全蛋液加入步驟**2**的調理盆中，以橡皮刮刀切拌混合。大致混合後，以橡皮刮刀按壓聚集。以手揉捏成一糰後，以保鮮膜包裹，輕輕壓平，放入冷藏室靜置2小時以上。

4

取出麵糰撒上手粉，揉麵板也撒上手粉。以擀麵棍將麵糰擀平至約0.4cm厚。

6

以擀麵棍擀過塔模，將超出塔模的麵糰切斷後取下。將側面的麵糰和塔模貼合壓緊，再以叉子在麵糰底部戳出透氣孔。放入冷藏室中靜置2至3小時。

※切下的麵糰再次冷藏後以擀麵棍擀平，以模具壓出造型後烘烤成餅乾。

7

在步驟**6**的塔皮上鋪上一層烘焙紙，放上重石壓緊塔皮整體，放入預熱至160℃的烤箱中，烘烤15至20分鐘。烤好後將烘焙紙和烤石取下，將塔模放在網架上降溫。

9

將蛋放入調理盆，以打蛋器打散，再將步驟**8**的材料慢慢加入。

10

將1根香蕉切成2cm厚的圓片，排列在步驟**7**的塔皮中，再將步驟**9**的內餡慢慢倒入。接著放入預熱至160℃的烤箱中，烘烤20分鐘。出爐後放在網架上散熱，再冷藏2至3小時。

11

將可可粉以濾網過篩，撒在塔上，將剩下的香蕉切成1cm厚的圓片，整齊排列在塔的周圍，再放上香草莢裝飾即完成。

火焰可麗餅

第一次吃到火焰可麗餅（Crêpes Suzette）是中學的時候，和祖母在一間飯店的餐廳。
火焰可麗餅上桌後搭配柳橙切片作成的沾醬，非常瀟灑簡單。
請將可麗餅沾上滿滿的柳橙奶油沾醬享用。

材料（2人分）
可麗餅麵糊*¹
┌ 蕎麥粉　100g
│ 細砂糖　40g
│ 鹽　1小撮
│ 蛋　2個
│ 蛋黃　1個
│ 牛奶　300㎖
└ 融化的奶油*²　20g
柳橙沾醬
┌ 柳橙（日本產）　1個
│ 現榨柳橙汁　100㎖（約1又½個份）
│ 細砂糖　80g
│ 奶油（無鹽）　80g
└ 柳橙利口酒（深色）*³　1大匙
奶油　適量

*1　方便製作的9至10片份。未馬上食用的可麗餅一片一
　　片以保鮮膜包裹後，放入夾鏈密封袋冷凍，可保存約
　　2週。要使用時自然解凍。
*2　將奶油（無鹽）30g放入耐熱容器中，浸入裝有熱水
　　的大調理盆中加熱融化。
*3　以柳橙的果皮和干邑白蘭地（Cognac）為材料的利
　　口酒。

前置作業
・蛋放置至常溫。
・將柳橙沾醬用的奶油切碎成1cm丁狀，冷藏凝固。

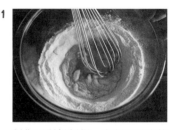

1

製作可麗餅麵糊。在調理盆中放
入蕎麥粉、細砂糖和鹽，以打蛋
器混合均勻。將蛋打在中央，以
打蛋器攪拌混合至光滑，再加入
蛋黃混合均勻。

5

將可麗餅鍋（或平底鍋）以中火
加熱，加入少許奶油融化，以廚
房紙巾將奶油薄塗一層在鍋面。
以圓形湯勺舀1勺步驟**3**的麵糊，
倒入鍋中後馬上轉動鍋子，讓麵
糊鋪平。

9

加入柳橙利口酒以及步驟**4**的柳
橙果肉，煮至沸騰。放入折成¼
大小的可麗餅4張，途中要翻
面，煮1至2分鐘便完成。起鍋盛
入容器中，依照喜好可加入打發
的鮮奶油（份量外）或香草冰淇
淋（份量外）一起享用。

a d v i c e

以蕎麥粉製作的可麗餅有一股獨特的蕎麥香味，烤得酥脆
的口感和香味非常有特色。將牛奶加入麵糊時，先加入少
許，攪拌到麵糊變得光滑後，再加入剩下的牛奶即可，非
常簡單。火焰（Suzette）的重點在於，將可麗餅烤好後，
加上添加奶油和砂糖製作的水果或果醬。

2

將牛奶少量多次加入混合後,再加入融化的奶油混合均勻。

3

以保鮮膜封口後,放入冷藏室中靜置1小時。

4

將柳橙以水洗淨,取少許的鹽(份量外)抹在表面,再以水洗淨一次。將½顆柳橙表皮以削皮刀刨成細絲(或以磨皮刀磨碎)。剩下的柳橙去皮,將果肉切成4等分的圓片。

6

將麵皮的邊緣翻起,變色後就可以以竹籤輔助,將麵皮剝離。

7

以雙手將麵皮翻面,繼續烤10秒。剩下的麵糊也以同樣的方式作成可麗餅。翻面時要注意不要燙傷。

8

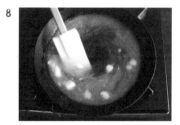

製作柳橙沾醬。在平底鍋中放入現榨的柳橙汁、步驟**4**削好的柳橙皮和細砂糖,以中大火加熱至沸騰、細砂糖融化。將奶油分3次加入,以耐熱的橡皮刮刀輕輕攪拌,至奶油完全融化。

週末檸檬蛋糕

名稱是來自於「週末和重要的人一起享用」、「週末假期的食物」等意義。
是一種以薄薄的糖霜覆蓋在有稜有角的蛋糕上的法國經典甜點。
咬下後會輕輕在口中化開，是最適合和紅茶搭配的甜點。

材料（17×8×高7cm的磅蛋糕烤模1個份）
發酵奶油（無鹽）　160g
蛋　2個
細砂糖　80g
檸檬皮（日本產／磨碎）　1個份
檸檬汁　1小匙
低筋麵粉　80g
檸檬糖霜
┌ 糖粉　80g
│ 檸檬汁　1大匙
└ 水　少許
融化的奶油＊（烤模用）　10g
低筋麵粉（烤模用）　適量
開心果（切碎／依照喜好添加）・
　檸檬皮（日本產／切細／依照喜好添加）　各適量

＊將奶油（無鹽）10g放入耐熱容器中，浸入裝有熱水的
　大調理盆中加熱融化。

前置作業
・在蛋糕烤模中薄塗一層融化的奶油，再倒入低筋麵
　粉。轉動烤模讓麵粉平均附著於烤模內側，再將多
　餘的麵粉倒出來（如下圖所示）。
・烤箱預熱至160℃。

advice

微焦的奶油會有類似堅果的香味，加上檸檬的酸味就是這
款蛋糕最大的特色。將雞蛋徹底打發後加上微焦的奶油，
製作成入口即化的清爽蛋糕。重點是混合的方法，將粉類
加入打發的雞蛋後，攪拌至剩些許粉感後加入奶油，將麵
糊攪拌至光滑即可。

1

將發酵奶油放入鍋中，以中火加
熱融化。稍微起泡後不時搖晃鍋
子，將奶油煮至深褐色，散發堅
果般的香味。將鍋子底部浸入水
中，降至微溫（約30℃）。

5

將⅓的低筋麵粉過篩加入，以橡
皮刮刀切拌均勻。將剩下的低筋
麵粉分兩次過篩加入，混合至剩
下少許粉感。

9

製作檸檬糖霜。將糖粉放入調理
盆中，加入檸檬汁攪拌均勻，再
加水攪拌至順滑。

2

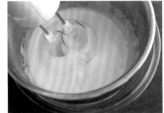

將蛋放入調理盆中，以打蛋器打散，加入細砂糖混合均勻。將調理盆底部浸入70℃的熱水，以手持式電動攪拌器高速打發至變白，再以低速輕輕攪拌整理質地。

3

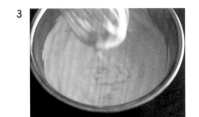

換回一般的打蛋器繼續打發。打發至可以畫出緞帶般的線條，並且線條會慢慢消失的程度。過程中如果蛋的溫度升高，就將調理盆拿離熱水，停止加熱。

4

加入檸檬皮和檸檬汁混合均勻。

6

將步驟**1**發酵奶油的½以濾網過篩、去除雜質，以橡皮刮刀加入，切拌均勻後，再加入剩下的發酵奶油，攪拌至出現光澤。

7

將步驟**6**的麵糊倒入蛋糕烤模中，將烤模輕摔數次排出空氣，並讓麵糊貼合烤模。放入預熱至160℃的烤箱中，烘烤40至45分鐘。以竹籤戳蛋糕，沒有麵糊附著就代表烤好了。

8

將蛋糕脫模，置於網架上散熱。如果表面膨脹凸起，就將蛋糕切平整。

10

將步驟**8**的蛋糕反面朝上，在頂部和側面塗上檸檬糖霜就完成了。可依照喜好撒上開心果和檸檬皮裝飾，待糖霜乾燥凝固後切成小塊食用。

聖誕果凍

在以白葡萄酒為基底的果凍中加入紅色和黑色的莓果，奢華的雙色果凍。
適合冬天在溫暖的房間裡享用。
非常推薦在聖誕節的餐宴中作為甜點，
不論是顏色或氛圍都充滿聖誕氣息。

材料（容量約520㎖的果凍模型＊2個份）
草莓　200g
覆盆子　70g
黑莓　130g
藍莓　100g
白葡萄酒　160㎖
細砂糖　180g
吉利丁片　16g
檸檬汁　1個份

＊也可以使用磅蛋糕烤模或環形烤模。

前置作業
・將1片吉利丁片放入水中，浸泡10至15分鐘。

・將草莓去除蒂頭，其中一半縱切成兩半，另一半橫切
　成兩半。

1

在鍋中放入水400㎖和白葡萄酒，
煮沸後持續加熱1至2分鐘讓酒精
揮發。加入細砂糖，以橡皮刮刀
混合融化。

5

在其中一個模型中放入適量的草
莓和覆盆子，沿著模型底部貼著
側面，排列一層。在另一個模型
中以同樣的方法，將黑莓將藍莓
排列整齊。

8

同步驟**6**的方式，倒入果凍液蓋過
莓果，稍微凝固後，再重複一次
步驟**7**，再次倒入果凍液，並放入
冷藏室中凝固。

a d v i c e

將草莓排列在模型中時，部分草莓切口朝向內側，部分朝
向外側，成品的顏色會更繽紛漂亮。將果凍液置於冰水中
會變得濃稠，可以包裹住莓果，如此莓果就會浮起，使得
切下的每一塊果凍都有滿滿的莓果。

2

關火,將吉利丁擠乾水分加入鍋中,攪拌融化,加入檸檬汁攪拌均勻。

3

將步驟**2**的材料以濾網過濾,倒入調理盆中,將調理盆的底部浸入冰水中,以橡皮刮刀攪拌,使果凍液冷卻、變得濃稠。

4

將果凍模型內側以水洗淨,倒入步驟**3**的果凍液約0.5cm高,將模型底部浸入冰水,使果凍凝固。

6

將步驟**3**的果凍液倒入模型,蓋過莓果。將模型置於冰水中5至10分鐘(或放入冷藏室中),讓果凍冷卻,稍微凝固。

※在製作時,果凍液如果快要完全凝固,就將調理盆拿離冰水,使果凍液維持稍微流動的狀態。

7

步驟**6**完成後,將草莓和覆盆子、黑莓和藍莓以步驟**5**的方式排列,壓入稍微凝固的果凍裡。

9

步驟**8**的果凍凝固後,將模型在熱水中快速浸泡一下,再以手指輕壓果凍的邊緣,按出間隙,翻轉模型將果凍倒扣脫模完成。依照喜好搭配打發的鮮奶油(份量外)、香草冰淇淋(份量外)和莓果(份量外)一起享用。

聖誕奶油水果蛋糕

沒有圓形烤模也能夠製作的奶油水果蛋糕，將蛋糕切成長條後捲起，切口朝上進行裝飾。
只要將長條狀的蛋糕體捲起就能完成，意外地簡單。
以綠色及黑色的水果裝飾，呈現大人風格的外觀，
若以常見的草莓裝飾，則馬上就會變得可愛。

材料（28×28cm的烤盤1個份）

海綿蛋糕
- 蛋　3個
- 砂糖　60g
- 低筋麵粉　60g
- 奶油（無鹽）　5g
- 牛奶　10㎖

鮮奶油內餡
- 鮮奶油　300㎖
- 細砂糖　3大匙
- 櫻桃酒*　2小匙

糖漿
- 細砂糖　40g
- 水　80㎖
- 櫻桃酒*　1大匙

麝香葡萄、黑莓、
藍莓等喜歡的水果　適量

＊又稱櫻桃白蘭地、櫻桃利口酒。

前置作業
- 蛋放置至常溫。
- 奶油和牛奶放入耐熱容器中，放入裝有熱水的調理盆中，加熱至奶油融化。
- 將糖漿用的水和細砂糖放入小鍋中，以中火加熱融化，關火冷卻後加入櫻桃酒混合均勻。
- 在烤盤上鋪烘焙紙。將烘焙紙裁切成可以覆蓋到烤盤側面的的大小，從烘焙紙四角各向內斜剪一刀，讓烘焙紙貼合（如下圖所示）。
- 烤箱預熱至200℃。

1

製作海綿蛋糕。在調理盆中放入蛋，以打蛋器打散，加入砂糖混合均勻。將調理盆的底部浸入約70℃的熱水中，以手持式電動攪拌器高速打發至變白，再以低速繼續打發，整理質地。過程中若蛋的溫度升高，就將調理盆拿離熱水，停止加熱。

5

將蛋糕放入預熱至200℃的烤箱中，烘烤10分鐘。出爐後將蛋糕取出烤盤，放在網架上，再放入塑膠袋中，以防止水分蒸散導致蛋糕乾燥。塑膠袋不要封口以利通風，靜置30分鐘降溫。

9

捲完1片蛋糕後，將捲好的蛋糕放在第2片蛋糕上，繼續向前捲。

advice

以製作摩卡蛋糕捲（參照P.92至P.93）的方式，將海綿蛋糕作成長條狀。捲得越厚蛋糕就越大，所以也可以使用兩個烤盤製作出更大的蛋糕，會非常有趣。長條狀蛋糕的寬度，會決定奶油蛋糕的高度。在蛋糕上塗滿糖漿，咬下去入口即化，風味也更有層次。將鮮奶油打發蓬鬆，以抹刀同方向塗抹，作出來的蛋糕會更漂亮。

2

換回一般的打蛋器繼續打發。打發至可以畫出緞帶般的線條，並且線條會慢慢消失的程度。

3

加入低筋麵粉，以橡皮刮刀切拌均勻。將融化的奶油和牛奶以橡皮刮刀加入調理盆中，由底部向上翻攪，徹底混合均勻。

4

將麵糊倒入鋪好烘焙紙的烤盤中，以刮板將表面刮平。注意要以同方向刮平，厚度才會平均。將烤盤輕摔2至3次，排出空氣。

6

製作鮮奶油內餡。在調理盆中放入鮮奶油內餡的材料，將調理盆的底部浸入冰水中，以打蛋器將鮮奶油打至7分發（提起打蛋器會呈現軟軟的尖角），過程中鮮奶油若變得過硬，就放慢打發速度。

7

將步驟**5**的蛋糕從塑膠袋中取出，將蛋糕翻轉後撕掉烘焙紙，再翻回來將顏色深的一面朝上，以尺測量後，平均切成約寬6.5×長26cm的長條4條。

8

將糖漿塗抹於步驟7蛋糕的表面，再將略多於½量的鮮奶油內餡，以抹刀塗抹在蛋糕上，接著將一片蛋糕從靠近操作者的一側捲起。

10

以同樣的方式捲完所有的蛋糕。

11

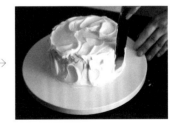

將捲好的蛋糕切面朝上，在頂部和側面塗抹上剩餘的鮮奶油內餡。先挖取較多的鮮奶油放在蛋糕頂部，平均抹開後，再以抹刀垂直將落到側面的鮮奶油平均抹開。將鮮奶油以抹刀塗抹成滿意的樣子後，再以水果裝飾便完成。

1

玉米粉
杏仁粉
低筋麵粉
全麥粉
高筋麵粉

2

3

牛奶
鮮奶油

4

本書使用的
主要材料及工具

5

上白糖
黍砂糖
細砂糖
糖粉

6

A
B
C
D
E
F

7

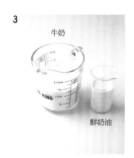

8

9

10

11

12

---

1 粉類

以軟質小麥製作、粉質較細的低筋麵粉，適合製作蛋糕和餅乾等點心。以硬質小麥製作的高筋麵粉則適合製作甜甜圈等有筋性的甜點，且顆粒較光滑，最適合作為手粉。全麥粉為小麥除去皮和胚芽磨製而成，製作出的甜點口感更清爽脆口。玉米粉是以玉米製成的澱粉，可以讓成品質地更加輕盈。杏仁粉是將杏仁磨成粉，能為甜點增添杏仁的香味。

2 蛋

蛋以M尺寸（58g至64g）為基準。可以使麵糰凝固及聚合，根據製作的甜點不同，使用全蛋、蛋白或蛋黃。

3 牛奶、鮮奶油

使用無調整、乳脂肪3.0%以上、無脂固形物8.0%以上的新鮮牛奶。鮮奶油使用乳脂肪含量較高（45%左右），味道較濃厚的產品。但是，乳脂肪含量高的鮮奶

油在用來裝飾時容易分離，可以加入二成乳脂含量35%的鮮奶油混合使用。

4 奶油

使用無鹽的奶油會讓甜點的風味更佳。發酵奶油是以鮮奶油為原料，乳酸發酵後香味更明顯的奶油，推薦使用於要突顯奶油香味的甜點。

5 砂糖

上白糖（砂糖）的顆粒較細，容易融化，可以作出濕潤、甜味濃厚的甜點。細砂糖為結晶後的糖，製作成甜點後能夠保有顆粒感，增添優雅的甜味。糖粉為細砂糖磨成的粉末，質感輕脆細膩，建議選擇沒有為了防止凝固而添加玉米粉的產品。黍砂糖為以甘蔗製成、淡褐色的糖，特色為溫和的甜味。

6 酒

用於增添甜點的風味。白蘭地

（A）與蘭姆酒（B）的使用範圍較廣，是萬用的甜點用酒。櫻桃酒（C）、柳橙利口酒（淡色／D）、柳橙利口酒（深色／E）及馬德拉酒（F）則依據不同材料的特性選擇使用。

7 香草

帶有獨特香甜味的香料。將香草莢與牛奶一同加熱，能讓香味融入牛奶中，再將香草籽取出使用。香草精是由香草濃縮萃取，或以香草籽製成的天然香料，加熱後香氣四溢，也可以等量的香草油代替。

8 吉利丁

主成份為動物骨及皮中的膠質。片裝的產品較易購得，也方便計量。可以在製作果凍及芭芭露亞時營造透明感。（編註：茹素者可以吉利T代替。）

9 巧克力

推薦使用烘焙用、可可含量60%

至75%的調溫巧克力（可可含量高的產品）。在口中會融化散發出可可的香味。有壓出格子的片裝及顆粒狀。

10 計量工具

正確計量為製作甜點的基本。最好使用以0.5g為最小單位的電子秤。其餘工具有量杯（200㎖）、大匙（15㎖）、小匙（5㎖）。

11 調理盆

使用耐熱、降溫迅速的不鏽鋼調理盆以及穩定耐熱的玻璃調理盆。較深的調理盆可以在攪拌時避免粉類飛散，製作大量麵糰時也比較安心。

12 烤盤

可以盛裝準備好的材料，也能用來將卡士達醬平鋪冷卻及隔水加熱。準備不同大小的烤盤會更方便使用。

13

16

19

22

14

17
瑪芬烤模
圓型烤模　無底方形模
塔模
派模　磅蛋糕烤模

20

23

15

18

21

24

13　過篩工具
有粗細網目、有無把手等多種樣式，可依據不同用途選擇。用以過濾麵糊、榨汁、壓栗子泥、過篩粉類等。

14　手持式電動攪拌器
打發全蛋或製作蛋白霜時使用。打發之後，再以一般打蛋器整理質地非常重要。

15　打蛋器、橡皮刮刀
鋼絲條數較多、彈性較好的打蛋較方便使用。橡皮刮刀則建議選擇耐熱有彈性的種類，直手柄的產品更方便混合材料。木鍋鏟的前端較窄，較適合仔細的混合。

16　刮板
混合、集中、平鋪材料以及切奶油時使用。可以彎曲使用，也可以保持平直使用。

17　烤模
製作甜點時的基本工具。圖為17×8×高7cm的磅蛋糕烤模、直徑24×高2.5cm的派模、直徑18cm的塔模（也會使用直徑24cm的塔模），直徑15cm的圓形烤模、15×15cm的無底方形模、直徑6×高3cm的瑪芬烤模。

18　冷甜點用模型
導熱較好，冷卻快的金屬製模型。使用直徑16cm的環狀芭芭露亞烤模、容量510㎖的果凍模型（也可使用540㎖的模型）。

19　壓模
餅乾及甜甜圈的壓模。簡單的花型及圓形壓模用途較廣。

20　抹刀・刷子
用於切割麵糰及平均塗抹鮮奶油的金屬抹刀。刷子用於塗抹糖漿、糖霜及蛋液。

21　擠花袋・花嘴
將花嘴裝在擠花袋前端，將鮮奶油擠出造型。長度約30cm的擠花袋較方便使用。本書使用直徑1cm及1.5cm的圓形花嘴。

22　溫度計・尺
可以測量至200℃的烘焙用溫度計，能夠正確測量糖漿等材料的溫度。尺是切割大型蛋糕時必要的工具，30cm的較方便使用。

23　揉麵板・擀麵棍
擀平麵糰時使用，邊長約45cm大小的方形揉麵板使用上較方便。擀麵棍則選用整體同樣粗細、形狀簡單的產品，也可用於敲碎堅果。

24　網架
將蛋糕或餅乾冷卻及淋上糖漿時使用。網目較小的網架較不容易在蛋糕上留下痕跡。

烘焙 良品 83

CAKES：烘焙日常の甜食味

....

作　　者／坂田阿希子
翻　　譯／范思敏
發 行 人／詹慶和
總 編 輯／蔡麗玲
執 行 編 輯／陳昕儀
編　　輯／蔡毓玲・劉蕙寧・黃璟安・陳姿伶・李宛真
執 行 美 術／韓欣恬
美 術 編 輯／陳麗娜・周盈汝
出 版 者／良品文化館
發 行 者／雅書堂文化事業有限公司
郵政劃撥帳號／18225950
戶　　名／雅書堂文化事業有限公司
地　　址／220新北市板橋區板新路206號3樓
電 子 信 箱／elegant.books@msa.hinet.net
電　　話／(02)8952-4078
傳　　真／(02)8952-4084

....

2018年10月初版一刷　定價450元

....

國家圖書館出版品預行編目(CIP)資料

CAKES：烘焙日常の甜食味 / 坂田阿希子著；范思敏譯.
-- 初版. -- 新北市：良品文化館出版：雅書堂文化發行，
2018.10
　面；　公分. -- (烘焙良品；83)
ISBN 978-986-96977-0-5 (精裝)

1.點心食譜

427.16　　　　　　　　　　　　　　107015924

STAFF

....

書本設計・影片製作・配樂／遠矢良一（Armchair Travel）
照片・影片拍攝／野口健志
造形／佐佐木カナコ
烘焙助手／加藤洋子・鈴木夏美・峯岸智子
校對／今西文子（ケイズオフィス）
編輯／青木ゆかり（NHK出版）
編輯協力／前田順子・大久保あゆみ

＊本書為《NHKきょうの料理ビギナーズ》期刊上連載的
「CAKES」專欄加入新食譜，重新編輯而成。

....

經銷／易可數位行銷股份有限公司
地址／新北市新店區寶橋路235巷6弄3號5樓
電話／（02）8911-0825 傳真／（02）8911-0801

....